캐릭터 콩콩도시락이 더 사랑스러운 이유

① **메뉴는 간단하고 맛있게, 모양내기는 누구나 쉽게**
복잡한 조리법 No! 시판 재료와 소스를 적절히 활용해
모두가 좋아하는 맛을 냈어요. 과정 사진으로 자세히 소개해
그대로 따라 하면 누구나 멋진 도시락을 완성할 수 있어요.

② **상황과 취향에 따라 선택하는 다양한 모양과 메뉴들**
아이들 인기 테마인 동물, 과일, 별 도시락은 물론
어른들도 좋아하는 꽃, 하트 도시락까지 소개했어요.
주먹밥, 김밥, 볶음밥, 덮밥 등 밥 도시락과 빵 도시락,
감자나 고구마을 활용한 간식 도시락 등도 실었어요.

③ **식어도 맛있는 콩콩도시락표 도시락 반찬들**
만들기 쉽고 식어도 맛있는 20여 가지의 도시락 반찬을
싹 모아 소개했어요. 넉넉히 만들어 집 반찬으로 활용해도 좋아요.

④ **핼러윈, 크리스마스, 빼빼로데이에도 캐릭터 콩콩도시락**
특별한 날을 더욱 빛나게 만들어줄 캐릭터 도시락도
알려드렸어요. 집에서도, 밖에서도 이 도시락 하나면
정말 멋진 이벤트가 만들어지지요.

⑤ **곰손도 척척 만드는 초간단 장식, 주먹밥, 사이드 메뉴**
살짝 자신이 없다면? 기본 가이드에 소개된 초간단 3종 세트부터
도전해보세요. 캐릭터 도시락의 기본 테크닉을 알기 쉽게
소개했어요.

⑥ **도구부터 재료, 맛내기, 모양내기까지 가득한 꿀팁**
이 책에서 활용한 도구, 재료는 물론 맛내고 모양내는 꿀팁까지
기본 가이드에 자세히 소개했어요. 미리 살펴보고 집에 있는 것들을
최대한 활용하고, 구비할 것들이 있다면 미리 준비하세요.

추억을 만드는
귀여운 도시락

캐릭터 **콩콩** 도시락

집에서도, 밖에서도
우리 가족을 활짝 웃게 해준 특별한 도시락

가볍고 건강한 한끼를 위한 다짐, 콩콩도시락

2017년 10월, 남편의 건강과 다이어트를 돕기 위해 하나둘 싸기 시작한 콩콩도시락.
아침에는 아이들 등원에 출근 준비까지 겹쳐 제대로 된 식사를 챙기기 힘들었고,
저녁에는 남편이 잦은 야근과 모임으로 건강식을 유지하기 어려울 때가 많아
'점심만은 도시락으로 건강하면서도 가벼운 한끼를 챙겨보자!'라고 다짐하며
도시락을 싼지 어느덧 5년차에 접어들었네요.
아침에 남편 도시락을 만들고, 남는 재료들로 제가 먹을 점심 도시락까지
챙기기 시작하면서 콩콩도시락은 하나에서 둘이 되어 저희 부부 모두를 건강하게
변화시켰답니다.

도시락에 대한 유별난 사랑과 기록을 담은 첫 책

처음에는 도시락 싸는 것 자체만으로도 시간이 부족하고 어려웠는데,
꾸준히 준비하다 보니 점차 예쁘게 담고 꾸미는 것까지 관심을 갖게 되었어요.
완성된 도시락을 사진과 영상으로 남겨 SNS에 공유하면서
많은 분들과의 '맛있는 소통'도 시작되었지요.
'콩콩이'와 '도시락'이라는 두 단어의 뗄 수 없는 연결고리가 생긴 거예요.
매일 도시락을 생각하고, 메뉴 고민을 하는 스스로를 보면서
제가 '도시락'에 얼마나 깊은 애정을 가지고 있는지 느낄 수 있었어요.
'간편하면서도 예쁜 도시락을 만드는 것'이라는 콩콩도시락의 콘셉트에 많은 분들이
공감하고 응원해주신 덕분에 2019년에는 저의 도시락에 대한 유별난 사랑과 기록을 담은
첫 책 <아침 20분 예쁜 다이어트 도시락, 콩콩도시락>을 출간하게 되었습니다.
많은 분들이 꾸준히 사랑해주시고, 활용해주셔서 언제나 깊이 감사드려요.

아이 도시락에 대한 소중한 추억을 담은 두 번째 책

'도시락!' 하면 빠질 수 없는 것이 아이 소풍이나 체험학습, 가족 나들이 등이지요.
두 아들을 키우다 보니 저 역시도 소풍 안내문을 받으면 '아이들이 열자마자 우와! 하고
감탄하게 되는 도시락'을 만들기 위해 많은 고민을 하게 되더라고요.
그 고민의 결과를 정성스레 담은 것이 이번 책이랍니다. 아이들이 도시락을 열었을 때,
활짝 웃게 만들어주고 싶은 세상의 모든 엄마와 아빠, 우리 모두를 위해 만들었지요.
동물, 과일, 꽃, 하트, 별, 리본, 미소 등을 모티브로 만든 사랑스러운 도시락과
SNS에 소개해 많은 '좋아요'를 받은 인기 캐릭터 도시락 레시피를
이 두 번째 책에 가득 소개했습니다. 간단하고 쉬운 레시피들뿐만 아니라,
아기자기하고 귀여운 도시락 담음새까지 다양한 콘텐츠를 책에 담아냈어요.

우리 집 식탁 위에서 펼쳐지는 더 특별한 소풍

캐릭터 도시락은 밖에서도 좋지만, '집 안에서의 특별한 소풍'을 완성시켜주는
근사한 아이디어라고도 생각해요. 평범한 식사 대신, 예쁜 캐릭터 도시락을 준비하면
식탁은 푸른 잔디가 되고, 알록달록 꽃밭이 되어 아이는 물론 가족 모두에게
특별한 소풍의 기억을 선물할 것 같아요. 아이와 함께 도시락을 준비한다면
'평범한 재료들이 예쁘게 변화하는 모습'을 보며 편식 등 특정 식재료에 대한
아이들의 거부감도 자연스럽게 없애줄 수 있겠지요.
혹시 금손이 아니라서 걱정하고 있다면, 그 걱정은 접어도 괜찮아요.
도시락을 만들어본 경험이 없더라도 내 아이를 위한, 또는 사랑하는 사람을 위한
마음과 정성만 있다면 예쁘게 완성시킬 수 있는 도시락 노하우를 책에 담았으니까요.

마지막으로, 4년째 찰떡 같은 호흡을 맞추며 좋은 책을 만들기 위해 한마음으로 애써주신
레시피팩토리 스태프분들에게 감사의 마음을 전합니다. 아이들이 더 크기 전에
캐릭터 콩콩도시락을 꼭 한 번 기록하고 싶었는데 출간할 수 있게 많이 응원해준 두 건이
그리고 사랑하는 남편, 정말 고맙습니다. 콩콩도시락을 따뜻하고 다정하게 바라봐주시는
인스타그램 친구분들, 팔로워분들에게도 항상 응원해주셔서 감사하다는 인사를 드리고
싶습니다. 앞으로도 '모두에게 건강하고 즐거운 도시락'을 만들기 위해 겸손한 자세로
꾸준히 노력하는 콩콩도시락이 되겠습니다.

콩콩도시락 김희영

Contents

알아두세요

44

72

 Part 1

동물 도시락

 Part 2

과일·꽃 도시락

116

164

 Part 3

리본·하트·별·웃음 도시락

 Part 4

재밌는 모양·특별한 날 도시락

캐릭터 콩콩도시락의 구성

대부분의 도시락은 메인 메뉴 + 사이드 반찬 + 디저트로 구성되어 있어요.
맛과 색깔, 취향 등을 고려해 자유롭게 조합하세요.

도시락 소개

메뉴 이름과
간단한 소개글을
적었어요.

준비 재료와 도구

메인 메뉴에 필요한
모든 재료와
모양내기 도구를
소개했어요.

사이드 반찬

대부분의 밥 도시락에는
메인 메뉴와 잘 어울리는
반찬을 매칭해 담았어요.
모든 도시락 반찬
레시피는 32~38쪽에
소개했어요.

디저트

과일, 초콜릿, 사탕, 젤리,
마시멜로우, 시리얼 등
달콤하면서도
알록달록 색감의
디저트를 넣었어요.

메인 메뉴

가장 넓은 공간에는 동물, 과일,
꽃, 리본, 하트, 별, 웃음 등
다채로운 모양의 캐릭터 도시락을
담았어요. 도시락이 흔들리지 않게
빈 공간에는 채소를 담으세요.

만드는 과정

메인 메뉴의 요리법부터
모양내는 요령까지
자세한 과정컷과 함께
소개했으니 누구나 쉽게
따라 할 수 있어요.

콩콩팁

알아두면 유용한
소소한 팁도 실었어요.

소중한 누군가를 위해, 혹은 스스로를 위해 특별한 도시락을 준비하기로 했나요?
당신의 멋진 계획을 위해 콩콩도시락만의 '서툰 손도 금손이 되도록 도와주는 노하우'와
'바쁜 아침, 부족한 재료로도 멋진 도시락을 완성시킬 수 있는 초간단 아이템'들을 알려드릴게요.

Basic Guide

알아두세요

캐릭터 콩콩도시락에 사용한 도구

[1] 도시락 용기

이 책에서는 '콩콩도시락 미니 그래픽 도시락'을 컬러별로 사용했습니다. 집에 있는 도시락 용기를 활용해도 좋습니다.

콩콩도시락

내부가 다양한 크기로 칸칸이 나뉘어 있어
메인과 사이드 메뉴를 구분해 담기 편하고
소스나 재료가 섞일 걱정이 없어요. 전자레인지
사용도 가능해 따뜻한 식사를 즐길 수도 있지요.
내부 트레이가 분리되어 꼼꼼하게 세척하기도
좋아요. 기본, 미니, 베이비, 타이니 4개 사이즈와
다양한 컬러 중 연령과 취향에 맞춰 고를 수 있어요.

* 모든 도구들의 구입처
도시락 용기, 모양내기 도구, 스피드 쿠킹 도구는
대부분 콩콩도시락 스토어
(smartstore.naver.com/kongkong2_kim)에서
구입할 수 있어요. 소스통이나 사각팬 등은
모든 마트에서 판매해요.

[2] 모양내기 도구

캐릭터 도시락에서 섬세한 모양의 장식을 만들기 위해 사용하는 도구들입니다. 집에 유사한 도구들이 있다면 활용하세요.

김편치

김을 다양한 모양으로 자를 때
필요한 도구예요.
주로 눈, 코, 입 등을 표현할 때 쓰지요.
절삭력은 좋은지, 크기는 적당한지
등을 비교한 후 구입하세요.
* ① 카이 김편치를 가장 많이 썼고,
② 스마일 미니 김편치도 사용했어요.

삼각주먹밥틀 & 모양틀

삼각주먹밥은 일정한 크기로
예쁘게 빚기가 어려워
틀을 활용하면 편해요.
모양틀은 재료를 찍어 원하는
장식 모양을 만들 수 있어
캐릭터 도시락에 빠지면
안되는 도구랍니다.
* 원형, 별, 히트, 리본, 꽃 등
다양한 모양의 틀을 썼어요.
큰 모양은 쿠키틀을 활용했어요.

칼날볼 & 빨대

칼날볼은 재료에 동그란 구멍을
뚫거나, 특정 모양으로 도려낼 때
사용하는 도구예요. 재료를 작게
자르거나 김, 치즈로 세밀한 부분을
표현할 때 유용해요. 칼날볼 대신
빨대를 잘라 쓰거나 뾰족한 나무꼬치,
이쑤시개, 칼 등을 써도 돼요.
* 빨대는 주스용을 썼고, 조금 큰
동그라미는 스무디용을 활용했어요.

도시락 가위 & 핀셋

도시락 가위는 섬세한 커팅이
가능해 김이나 다른 재료들을
원하는 모양으로 자르기 좋아요.
핀셋은 모양낸 김이나 재료들을
음식 위에 올릴 때 유용해요.
이들 두 가지는 위생 관리를 위해
음식 전용으로만 사용하세요.

푸드픽(도시락 꼬치)

푸드픽(도시락 꼬치)

재료를 고정하거나, 밋밋할 수 있는 도시락에 모양을 더할 때 사용해요.
특히 초록 잎사귀 푸드픽을 꽂으면 생동감을 더할 수 있어 좋아요.
당근, 브로콜리 등 채소에 꽂아 장식하면 아이들이 채소를 친근하게 느끼게 해
편식 개선까지 도와주는 고마운 도구랍니다.

달걀 슬라이서

달걀을 얇고 깔끔하게 자를 수 있도록 도와주는 도구예요.
늘어나지 않는 스테인리스 소재로 만들어졌는지, 다양한 모양으로
커팅이 가능한지 비교해서 구입하세요.

반찬 칸막이 & 반찬컵

도시락 메뉴들이 섞이지 않도록
구분할 때 활용하는 것들이에요.
반찬 칸막이(나눔바)는 콩콩도시락
미니 사이즈에 포함되어 있어요.
귀여운 반찬컵은 도시락을 한층
발랄하고 귀엽게 만들어준답니다.

소스통 & 젓가락

캐릭터 밥이나 빵에 볼터치를 하거나
점 등을 표현할 때 케첩이나 마요네즈를
주로 활용하는데요, 이때 말랑말랑해서
쉽게 짤 수 있는 일반 소스통의 구멍을
작게 잘라 사용하거나 약병을 활용하면
섬세하게 표현할 수 있어요.
젓가락에 소량의 소스를 묻혀 찍어주듯
표현해도 좋아요.

달걀말이용 사각팬

둥근팬보다 사각팬을 활용하면
활용도 높은 사각 달걀지단을 만들 수
있고, 달걀말이도 더 쉽고 예쁘게
완성할 수 있어요.

[3] 스피드 쿠킹 도구

다양한 재료를 다지고, 갈고, 익힐 때 시간 절약은 물론, 손까지 편하게 해주는 일명 '콩콩 스피드 도구' 3가지를 소개합니다.

콩콩 차퍼

각종 채소, 덩어리 고기 등을 통에 넣고 줄을 당겨 칼날을 회전시키면 재료가 손쉽게 다져집니다. 전기 없이 수동으로 돌리기 때문에 사용이 편리하고 소음도 적어 좋아요. 원하는 입자 크기에 따라 당기는 횟수를 조절해 사용하세요.

콩콩 매셔

삶은 달걀, 감자, 고구마 등을 곱게 으깰 때 유용한 도구예요. 재료를 넣고 비틀면 한 번에 골고루 으깨어져서 포크로 일일이 으깨는 수고로움을 덜 수 있어요.

콩콩 렌지찜기

전자레인지 전용 쿠킹 세트예요. 불을 사용하지 않으면서도 빠르게 재료를 익힐 수 있어 편해요. 찌기, 데치기, 굽기 등이 모두 가능해 바쁜 아침에 도시락 준비 시간을 단축시켜줘요.

캐릭터 콩콩도시락에 활용한 재료

맛내기 소스부터 예쁜 모양을 완성해주는 색깔과 장식 재료 등을 추천 브랜드와 함께 알려드려요. 구입할 때 참고하세요.

[1] 맛내기 재료

맛간장 & 달걀간장

맛간장은 간장에 당류, 채소과일 농축액 등을 더해 만들어요.
달걀간장은 간장에 당류, 가쓰오국물 등을 더해 만들지요.
두 가지 양념 간장 모두 일반 간장보다 짠맛이 덜하고 단맛과 감칠맛이 풍부해
손쉽게 맛을 내게 해줍니다.
집에서 직접 만들어도 되지만, 시판 제품들을 사용하면 간편해요.
＊ 추천 제품 샘표 맛간장 조림볶음용, 샘표 계란이 맛있어지는 간장

토마토케첩 & 마요네즈

시중에 다양한 케첩과 마요네즈가 나오는데, 그 중 색이 진하고 농도가 묽지 않은
제품을 골라 사용하는 것이 좋아요.
특히 마요네즈는 치즈, 햄 등 도시락 재료들이 더 단단하게 고정되도록 도와주는
접착제 역할을 하기 때문에 농도가 짙고 점성이 좋은 것으로 고르세요.
＊ 추천 제품 오뚜기 토마토케첩, 오뚜기 마요네즈

짜장소스

액상 짜장소스는 춘장을 직접 볶는 번거로움도, 짜장가루의 텁텁함도 한 번에
해결해줘요. 깊은 풍미가 담겨있어 중화요리 대가의 짜장 맛을 느낄 수 있답니다.
＊ 추천 제품 사자표 거장 짜장소스

멸치 다시마국물

멸치, 다시마 등 자연 재료를 직접 끓여 우린 후 농축시킨 액상 육수나,
이들 재료의 분말을 동전 크기로 압축한 코인 육수 제품을 활용하고 있어요.
물과 함께 넣고 끓이면 쉽고 빠르게 맛있는 요리 밑국물을 만들 수 있답니다.
＊ 추천 제품 CJ 산들애 처음부터 멸치다시마 육수(농축 액상),
해통령 육수한알 진한맛(코인)

[2] 색깔 재료

색가루

밥에 솔솔 뿌려 섞기만 하면 알록달록 예쁜
색감의 밥을 만들 수 있어요. 가루 양을
조절하여 비비드한 색부터 은은한 파스텔 톤까지
다양하게 표현할 수 있어요. 소포장 되어있어
사용하고 남은 재료를 보관하기 좋아요.
온라인이나 천원샵 등에서 구입하세요.

* 추천 제품 데코후리 색가루

감태가루

해조류인 감태를 바삭하게 구운 후 분쇄한
제품이에요. 초록 색감을 내는 것뿐만 아니라
맛, 영양 또한 풍부해 아이들 요리에
활용하기 좋아요.

* 추천 제품 바다숲 입자가 고운 감태분말

[3] 장식 재료

샌드위치햄

가급적 얇은 종류를 사용해야 햄으로
꽃 모양 등을 만들 때 찢어지지 않고 모양도
예쁘게 살릴 수 있어요. 조리 없이
바로 먹을 수 있도록 생식용 햄을 추천해요.

* 추천 제품 CJ 더건강한 샌드위치햄

메추리알

삶아서 껍질을 벗긴 메추리알 제품을
사용하면 편하지요. 대부분의 모양이
일정하게 동글동글해 꾸미기 재료로
활용하기 좋은 제품을 고르세요.

* 추천 제품 Kurly's 깐 메추리 유정란

[4] 그밖의 재료

요리란

달걀을 깨서 흰자, 노른자의 내용물만
담아낸 것. 요리할 때마다 매번 달걀을
깨서 휘젓고 알끈을 걸러주지 않아도 되어
편해요. 달걀말이, 달걀찜 등 다양한 요리를
만들 수 있어요.

* 추천 제품 오랩 요리란

사각유부

일반 삼각유부는 아이들이 한입에 먹기
조금 클 수 있어 부담 없는 사이즈의
사각유부를 사용하고 있어요.
미니 사이즈의 사각유부는 모양 유지와
장식 등도 쉬워 캐릭터 도시락에
활용하기 좋아요.

* 추천 제품 CJ 한입 사각 유부초밥

마른톳

많은 양을 구입하면 보관 등이 어려우니,
건조 상태로 소포장된 제품을 구매해
요리할 때마다 소량씩 사용하세요.
세척 후 2~3분 정도면 적당하게 불려져
요리 시간도 단축할 수 있어요.

* 추천 제품 씨드(SEAD) 마른톳

코코넛밀크

동남아 요리나 카레 등에 우유나 크림
대신 사용하기 좋은 재료예요.
탄수화물과 단백질이 풍부한 100% 천연
코코넛으로 만든 제품을 사용하세요.

* 추천 제품 로이타이 코코넛밀크

한 끗 다르게 만드는 노하우

[1] 주먹밥

장식하기 좋고 간편하게 먹을 수 있어 캐릭터 도시락에서 가장 많이 활용하는 주먹밥을 보다 잘 만드는 꿀팁입니다.

주먹밥에는 진밥이 좋아요

주먹밥에 사용하는 밥은 고슬고슬한 밥보다 잘 뭉쳐지는 약간 진밥이 좋아요. 단, 너무 질면 식감이 좋지 않으니 주의하세요.

부재료는 잘게 다져요

주먹밥에 넣는 채소, 햄 등의 부재료는 최대한 잘게 다져야 주먹밥에 균열이 생기지 않고 모양이 잘 유지돼요.

물기, 기름은 최소로 만들어요

주먹밥은 볶음밥과 달리 부재료만 따로 볶아 밥에 섞어요. 부재료를 볶을 때는 식용유를 최소량으로 두르고, 수분을 최대한 날리며 볶는 것이 중요해요. 불 세기가 약하면 수분이 생길 수 있으니 주의하세요. 부재료가 질척이지 않아야 밥에 넣었을 때 고루 섞이면서 잘 뭉쳐져요.

밥을 볶아야 한다면 기름은 최소로

기름이 많으면 잘 뭉쳐지지 않고 식감도 질척일 수 있으니 밥을 볶아서 주먹밥을 만들어야 하는 경우에는 식용유는 최소량만 사용하세요.

물이나 참기름을 활용하면 편해요

주먹밥을 만들 때 밥알이
손에 달라붙어 불편하다면
물 또는 참기름을 손에 살짝
발라가며 만들면 편해요.

엠보싱 비닐 장갑을 추천해요

일회용 비닐 장갑을 사용한다면
엠보싱 처리가 된 것이
밥알이 잘 달라붙지 않아 좋아요.

주먹밥의 비결은 쥐락펴락

주먹밥을 뭉칠 때는 최대한 안의
공기를 빼준다는 느낌으로
몇 번 쥐락펴락 한 후 빚어야
갈라짐 없이 매끈하고 단단한
주먹밥을 완성할 수 있어요.

예쁜 모양은 랩에 맡기세요

부재료가 많이 들어가 만들기 어려운
주먹밥의 모양을 잡을 때는 랩을
활용하세요. 랩으로 감싸 뭉친 후
잠시 고정시켰다가 랩을 벗기고
도시락에 담거나, 랩에 감싼 그대로
넣어도 돼요. 표면이 매끄럽고
잘 부서지지 않으며 주먹밥의 수분이
날아가는 것도 막아줘요.

[2] 김밥

한두 가지 속재료를 넣은 간편 김밥에 약간의 장식을 더하면 누구나 반하게 될 캐릭터 김밥이 완성되지요.
김밥을 더 맛있고 보기 좋게 만드는 노하우를 소개합니다.

김밥에는 고슬밥이 좋아요

주먹밥과 반대로 김밥에는 진밥보다 고슬고슬한 밥을 사용하는 것이 좋아요. 고슬밥은 김 위에 골고루 펼치기 편해, 김밥 초보도 쉽게 김밥을 만들 수 있게 해줘요.

밥 양념은 필수예요

밥 양념이 빠지면 밋밋한 김밥이 돼요. 따뜻한 밥에 고소한 양념 (참기름 : 소금 : 깨 = 1 : 1 : 1/2) 또는 새콤달콤 배합초(식초 : 설탕 : 소금 = 1 : 1 : 1/4)를 넣어 주걱으로 골고루 섞어 양념하세요. 이때 밥을 너무 짓이기며 섞지 말고, 고슬고슬한 상태가 잘 유지되도록 주의하며 살살 섞어요.

아이용 김밥은 김을 2/3장만

아이들이 먹는 김밥은 김을 잘라 2/3장만으로 조금 작게 말아보세요. 아이들이 먹기 편한 한입 사이즈의 김밥이 완성됩니다.

빵칼을 이용하면 예쁘게 썰어져요

김밥을 말아 바로 썰면 김밥이 쉽게 터질 수 있어요. 김밥을 만 다음, 잠시 두었다가 빵칼을 이용해 톱질하듯 앞뒤로 왔다갔다하며 썰어요. 누르면서 썰면 김밥 모양이 흐트러질 수 있으니 주의하세요.

[3] 볶음밥

갖가지 재료를 넣은 볶음밥을 담고 그 위에 장식을 올리면 영양 가득 캐릭터 도시락이 손쉽게 완성되지요.
도시락용 볶음밥 잘 만드는 요령을 알려드립니다.

편식 심한 아이에겐 더 잘게 썬 채소

볶음밥 필수 재료, 채소.
채소를 싫어하는 아이를 위해서는
볶음밥 채소들은 최대한 잘게 다져요.
서로 섞여서 잘 보이지 않고 맛도
어우러져 먹기 좋아요.

재료 먼저 볶고 밥은 나중에

볶음밥을 만들 때는 다 함께 볶지 말고
먼저 부재료를 볶아 익힌 후
밥을 넣고 주걱으로 밥알이 뭉치지
않게 풀어가며 빠르게 볶아요.
찬밥을 활용하면 더욱 포슬포슬한
볶음밥이 완성됩니다.

한김 식힌 후 도시락에 담아요

뜨거운 밥을 도시락 용기에 담아
바로 뚜껑을 닫으면, 뚜껑에 맺힌
수증기 때문에 밥이 질척해지고
음식 맛이 떨어지기 때문에 반드시
한김 식힌 후 통에 담아야 해요.

전날 미리 준비해도 돼요

바쁠 때 가장 빨리 준비할 수 있는
도시락이 볶음밥 도시락이에요.
채소, 고기 등 부재료를 미리 손질해서
볶아 냉장고에 보관했다가
아침에 밥과 함께 한 번 더 볶아주면
도시락 준비 시간을 절약할 수 있어요.

[4] 달걀 지단 & 말이

캐릭터 콩콩도시락에서 가장 많이 활용하는 재료인 달걀지단과 달걀말이를 잘 만드는 법을 소개합니다.

고운 색의 달걀지단을 만드는 비법

달걀을 풀어 체에 한 번 걸러 사용하면
매끈한 표면을 완성할 수 있어요.
달걀지단을 익힐 때는 꼭 약한 불에서
익혀야 해요. 센 불에 익히면 얼룩얼룩
갈색의 달걀지단이 됩니다.

팬의 기름을 키친타월로 닦아내요

달걀지단을 만들 때 팬에 식용유를
두르고 키친타월로 닦아내듯 골고루
펴서 바른 후 달걀물을 부어야 기포가
생기지 않아요. 기름이 많으면
달걀지단에 주름이 생길 수 있답니다.
달걀말이를 만들 때도 이렇게 하면
더 예쁘게 만들 수 있어요.

달걀지단이 자꾸 찢어진다면

달걀만으로 지단을 만들어도 되지만
자꾸 찢어진다면 이렇게 해보세요.
달걀 1개당 전분물을 1작은술 정도
골고루 섞어요. 전분물은 물과 전분을
동량으로 섞어 만들면 돼요.
이렇게 하면 탱글탱글 하고 쉽게
찢어지는 않는 지단을 만들 수 있어요.

달걀말이는 뜨거울 때 말아요

완성한 달걀말이는 뜨거울 때
김발에 말아 모양을 잡으면
더 단단하고 예쁜 모양이 돼요.

[5] 장식 & 고정

장식이 떨어지지 않도록 잘 고정하는 방법과 도시락 속에서 제자리를 잘 유지하는 방법을 알려드립니다.

재료 연결에는 구운 스파게티면

주먹밥에 장식을 고정할 때
구운 스파게티면을 활용하면 좋아요.
스파게티면은 에어프라이어
180℃에서 5분 정도 익히면 돼요.
달군 팬에 기름을 두르고 튀기듯
노릇하게 구워도 돼요.
넉넉히 만들어 지퍼백에 담아
보관했다가 원하는 크기로 잘라
사용하세요.

마요네즈는 풀 역할을 해줘요

치즈, 김 등 떨어지기 쉬운 재료를
붙일 때에는 마요네즈 또는 발사믹
크림을 활용하세요.
특히 마요네즈는 접착력이 좋아
재료를 고정하기에 좋아요.

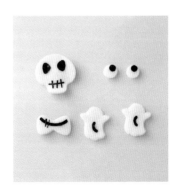

치즈와 김은 서로 붙인 후 잘라요

'치즈 + 김' 조합으로 모양을
꾸밀 때에는 김을 치즈 위에 올린 후
빨대나 모양틀 등으로 커팅하면 두
재료가 더 단단하게 붙고 모양도 잘
유지돼요.

빈 공간 없게 가득 채워 담아요

담긴 음식 사이 빈 공간에
데친 브로콜리, 방울토마토,
파프리카 등을 채워 최대한
여백 없이 담으면, 도시락을 들고
이동하면서 흔들리더라도 재료들이
섞이지 않고 본래 담음새를
오래 유지할 수 있답니다.

누구나 쉽게 만드는 초간단 아이템

[1] 밥이나 빵 위에 올리는 초간단 장식 6가지

평범한 도시락에 초간단 장식 한 가지만 올려도 깜찍한 캐릭터 도시락이 될 수 있답니다.

오리 달걀

준비물 삶은 달걀, 당근, 김, 토마토케첩

① 삶은 달걀을 슬라이서로 잘라요.
② 당근을 타원 모양으로 잘라 부리를 만들어 올려요.
③ 김을 김펀치로 찍어 눈과 입을 만들어 붙여요.
④ 젓가락으로 케첩을 묻혀 볼터치를 해요.

곰돌이 달걀

준비물 삶은 달걀, 김, 토마토케첩, 구운 스파게티면

① 삶은 달걀을 슬라이서로 잘라요.
② 김을 김펀치로 찍어 눈, 코, 입, 인중을 만들어 붙여요.
③ 흰자를 빨대로 찍어 작은 동그라미 2개를 만든 후 구운 스파게티면을 꽂아 귀를 만들어 붙여요.
④ 젓가락으로 케첩을 묻혀 볼터치를 해요.

병정 소시지

준비물 비엔나 소시지, 김, 토마토케첩, 이쑤시개

① 소시지를 체에 담아 뜨거운 물을 부어 데친 후 3등분해요. 이쑤시개에 소시지를 정방향, 옆방향, 정방향 순으로 꽂아요.
② 김을 김펀치로 찍어 눈, 입, 단추를 만들어 붙여요.
③ 젓가락으로 케첩을 묻혀 볼터치를 해요.

하트 소시지

준비물 비엔나 소시지, 구운 스파게티면

① 소시지를 체에 담아 뜨거운 물을 부어
데친 후 가운데를 사선으로 잘라요.
② 소시지를 뒤집어 맞대고 하트 모양을
만든 후 구운 스파게티면을 꽂아 고정해요.
③ 칼로 소시지를 잘라 화살촉과 날개 모양을
만들어 꽂아요.

치즈 김말이

준비물 슬라이스치즈, 김

① 치즈를 2~4등분한 후 비슷한 크기로 자른
김 위에 올려 돌돌 말아 꼬치로 고정해요.
② 잠시 두어 접착이 잘 되어 있으면 꼬치를 빼고
먹기 좋은 크기로 썰어요.

치즈 바람개비

준비물 슬라이스치즈, 크래미, 김

① 치즈를 8등분한 후 사선으로 잘라요.
② 크래미는 빨간 부분만 도려내 치즈와 같은
모양으로 잘라요.
③ 치즈 2장, 크래미 2장을 서로 맞대어
바람개비처럼 만들어요.
④ 치즈를 얇게 잘라 손잡이를 붙여요.
⑤ 작은 동그라미 김을 가운데에 붙여 완성해요.

[2] 색깔과 미니 장식으로 포인트를 준 초간단 주먹밥 6가지

천연 재료로 색을 낸 컬러 주먹밥에 김, 소시지, 달걀, 치즈 등으로 만든 작은 장식만 올려도 사랑스러운 캐릭터 도시락이 완성됩니다.

사랑 듬뿍 주먹밥

재료 밥 50g(1/4공기), 카레가루 1/5작은술, 김 약간

① 밥에 카레가루를 넣고 고루 섞은 후 동그랗게 뭉쳐요.
② 김은 접어 가운데를 귀 모양으로 잘라 펼쳐 밥 위에 올려요.(43쪽 ③번 과정 참고)

벚꽃 닮은 주먹밥

재료 밥 50g(1/4공기), 비트가루 1/10작은술, 삶은 달걀 약간, 마요네즈 약간

① 밥에 비트가루를 넣고 고루 섞은 후 동그랗게 뭉쳐요.
② 삶은 달걀 흰자 부분을 얇게 썰어 꽃틀로 자르고, 스무디 빨대로 가운데에 구멍을 뚫어요.
③ 삶은 달걀 노른자 부분을 스무디 빨대로 찍어 흰자 가운데에 끼워 밥 위에 올려요.
＊ 장식에 마요네즈를 바르면 고정이 잘 돼요.

봄 가득 주먹밥

재료 밥 50g(1/4공기), 데친 브로콜리 다진 것 1/5큰술, 데친 스팸 약간, 슬라이스치즈 약간

① 밥에 다진 브로콜리를 넣고 고루 섞은 후 동그랗게 뭉쳐요.
② 데친 스팸을 얇게 썬 후 별틀로 잘라요.
③ 크기가 더 작은 별틀로 치즈를 찍어 스팸 위에 올려 밥을 장식해요.
＊ 장식에 마요네즈를 바르면 고정이 잘 돼요.

여름 바다 주먹밥

재료 밥 50g(1/4공기), 청치자가루 1/8작은술,
오이 약간, 데친 스팸이나 당근 약간

① 밥에 청치자가루를 넣고 고루 섞은 후
동그랗게 뭉쳐요.
② 오이는 얇게 썰어 중앙을 하트틀로 찍어 뚫어요.
③ 데친 스팸을 얇게 썰어 하트틀로 찍어
오이 가운데에 끼워 밥 위에 올려요.

* 장식에 마요네즈를 바르면 고정이 잘 돼요.

소시지 품은 주먹밥

재료 밥 50g(1/4공기), 고추장 1/5작은술,
비엔나 소시지 약간

① 밥에 고추장을 넣고 고루 섞은 후
동그랗게 뭉쳐요.
② 소시지는 2등분해 사진처럼 칼집을 내서
체에 담고 뜨거운 물을 부어 데쳐요.
③ 주먹밥 중앙에 소시지를 꽂아요.

리본 주먹밥

재료 밥 50g(1/4공기), 검은깨가루 1/5작은술,
당근 약간, 슬라이스치즈 약간

① 밥에 검은깨가루를 넣고 고루 섞은 후
동그랗게 뭉쳐요.
② 당근은 얇게 썰어 리본틀로 찍어요.
③ 치즈를 빨대로 찍어 당근 리본 가운데에
올린 후 밥을 장식해요.

* 장식에 마요네즈를 바르면 고정이 잘 돼요.

[3] 도시락 빈 공간을 채워주는 초간단 사이드 메뉴 6가지

도시락 속 음식이 흔들리지 않도록 사이사이 넣어주는 사이드 메뉴도 앙증맞게 꾸며보세요. 반찬 자리에 넣어도 좋아요.

문어 소시지

재료 비엔나 소시지, 슬라이스치즈, 김

① 소시지는 아래 1/3지점까지 사방으로
칼집을 낸 후 체에 담아 뜨거운 물을 부어 데쳐요.
② 치즈를 빨대로 찍어 문어 눈과 입을 만들어
붙여요. 김펀치로 김을 찍어 눈알을 만들어 붙여요.

＊ 장식에 마요네즈를 바르면 고정이 잘 돼요.

달걀 꽃 소시지

재료 비엔나 소시지, 달걀지단

① 소시지는 2등분해 사진처럼 칼집을 내서
체에 담고 뜨거운 물을 부어 데쳐요.
② 잘라 놓은 소시지 길이의 2배, 소시지를
감쌀 정도 크기로 달걀지단을 잘라요.
③ 달걀지단의 가운데 부분에만 촘촘히
칼집을 낸 후 반으로 접어 소시지를 올려
돌돌 말아요.

메추리알 곰 발바닥

재료 메추리알, 당근

① 스무디 빨대로 메추리알 중앙을,
빨대로 바로 위 세 곳을 찍어 구멍을 내요.
② 빨대로 당근을 찍어 메추리알에
미리 만들어둔 구멍에 끼워요.

스마일 메추리알

재료 메추리알, 당근, 김, 토마토케첩

① 메추리알의 윗부분 1/5지점까지 칼집을 내요.
② 당근을 얇게 썰어 리본틀로 찍어요.
　당근 리본을 메추리알 칼집에 끼워요.
③ 김펀치로 김을 찍어 눈과 입을 만들어 붙여요.
④ 젓가락으로 케첩을 묻혀 볼터치를 해요.

치즈 토마토 아코디언

재료 방울토마토, 슬라이스치즈

① 방울토마토 크기로 자른 정사각형 치즈를
　켜켜이 쌓아 올려요.
② 토마토를 반으로 잘라 사이에 치즈를 끼운 후
　푸드픽으로 고정시켜요.
＊ 다양한 모양의 푸드픽(16쪽)을 활용하세요.

토마토 병정

재료 메추리알, 방울토마토

① 메추리알, 방울토마토는 2등분해요.
② 서로 교차해 붙인 후 푸드픽으로 고정시켜요.
＊ 다양한 모양의 푸드픽(16쪽)을 활용하세요.

맛과 영양 균형 맞춰주는 도시락 반찬

김밥, 볶음밥, 주먹밥 등 어떤 도시락에도 잘 어울리는 반찬들을 소개합니다. 1인분만 만들기 어려운 반찬은 2~4인분으로 소개했으니,
남은 반찬은 냉장고에 넣어두었다가 드세요. 도시락 용기에 반찬을 담을 때는 충분히 식힌 후 담으세요.
바로 담으면 반찬에서 김이 나와 장식으로 올라간 김, 치즈 등의 모양이 변형될 수 있어요.

쇠고기 오이볶음

재료(2~3인분)
쇠고기 다짐육 50g, 오이 1개(200g),
소금 1작은술(오이 절임용), 다진 마늘 1/3작은술,
맛간장 1/2작은술(18쪽), 올리고당 1/2작은술,
참기름 1/2작은술, 통깨 1/2작은술, 식용유 1/2큰술

만들기
① 오이는 0.3cm 두께로 얇게 썰어 소금에
버무린 후 10분간 절여 물기를 꽉 짜요.
② 달군 팬에 식용유를 두른 후
쇠고기, 다진 마늘, 맛간장, 올리고당을 넣고
중간 불에서 1분 30초간 볶아요.
③ 오이를 넣고 1분 더 볶은 후 참기름, 통깨를
뿌려 섞어요.

쇠고기볶음

재료(1~2인분)
쇠고기 다짐육 100g, 양조간장 1/2작은술,
맛술 1/2작은술, 소금 1/4작은술, 식용유 1작은술

만들기
① 달군 팬에 식용유를 두른 후
쇠고기를 넣고 중간 불에서 1분간 볶아요.
② 양조간장, 맛술, 소금을 넣고
중약 불에서 3~4분 더 볶아요.

＊ 통깨를 뿌려 마무리하면 예뻐요.

재료(3~4인분)
순살 닭볶음탕용 닭고기 500g
(또는 닭다릿살이나 안심),
감자 1개(200g), 당근 1/2개(100g),
양파 1/2개(100g), 대파 10cm,
청주 1큰술(닭 데침용), 물 2컵(400㎖)
양념(양조간장 4큰술 + 맛술 2큰술 + 올리고당
1큰술 + 다진 마늘 1큰술 + 후춧가루 약간)

만들기
① 끓는 물(큰 냄비에 넉넉히)에 닭, 청주를
넣고 2분간 데친 후 체에 밭쳐 물기를 빼요.
② 감자, 당근, 양파는 한입 크기로 썰고,
대파는 어슷 썰어요. 양념 재료들은 섞어둬요.
③ 냄비나 웍을 달군 후 닭, 감자, 당근, 양파,
물(2컵), 양념을 넣고 센 불에서 끓여요.
④ 끓자마자 중간 불로 줄여 중간중간
저어가며 13~15분간 끓여요. 대파를 넣고
약한 불로 줄여 2분간 더 끓여요.
＊ 검은깨를 뿌려 마무리하면 예뻐요.

재료(2인분)
돼지고기 다짐육 200g, 쇠고기 다짐육 100g,
달걀 1개, 양파 1/4개(50g), 빵가루 1컵(50g),
우유 1와 2/3큰술(25g), 다진 마늘 1/2큰술,
소금 1/2작은술, 후춧가루 약간, 식용유 3큰술
소스(토마토케첩 1큰술 + 스테이크소스 1큰술)

만들기
① 양파는 곱게 다지고, 빵가루와 우유는
미리 섞어둬요.
② 식용유와 소스를 제외한 모든 재료를
볼에 넣고 충분히 치댄 후 30g씩 뭉쳐요.
③ 달군 팬에 식용유를 두르고 약한 불에서
앞뒤로 7~8분간 구운 후 소스를 곁들여요.
＊ 에어프라이어 조리 시 180℃ 10분간,
뒤집어 170℃ 5분간 구워요.

재료(2~3인분)
닭날개 500g, 전분 3큰술, 식용유 2컵
닭 밑간(청주 1큰술 + 소금 약간 + 후춧가루 약간)
소스(맛간장 2큰술 + 콜라 3과 1/3큰술
+ 맛술 1큰술 + 물엿 2큰술 + 설탕 1큰술
+ 다진 마늘 1/2큰술 + 후춧가루 약간)

만들기
① 닭날개는 씻어서 키친타월로 물기를 최대한
제거한 후 밑간 재료에 버무려요. 전분을 골고루
묻혀 10분간 재워둬요.
② 깊은 냄비나 웍에 식용유를 붓고 180℃로
달군 후 닭날개를 넣고 중간 불에서 7~10분간
노릇하게 튀겨요. 체에 밭쳐 기름기를 빼요.
③ 작은 팬에 소스 재료를 넣고 중간 불에서 끓여요.
끓어오르면 튀긴 닭날개를 넣고 1분간 버무려요.
＊ 검은깨를 뿌려 마무리하면 예뻐요.

잔멸치볶음

재료(2~3인분)
잔멸치 약 1컵(50g), 식용유 1큰술,
올리고당 1큰술, 통깨 약간

만들기
① 기름 없이 달군 팬에 잔멸치를 넣고 중약 불에서
1~2분간 바삭하게 볶아 비린내 날린 후 덜어둬요.
② 팬을 닦은 후 잔멸치, 식용유, 올리고당을 넣어
약한 불에서 2분간 볶은 후 통깨를 뿌려요.
＊ ①번 과정 대신 에어프라이어에 종이호일을 깔고
잔멸치를 넣어 160℃ 13분간 돌려 바삭하게
익혀도 좋아요.

메추리알 장조림

재료(3~4인분)
삶은 메추리알 30개(270g), 물 1컵(200㎖),
맛간장 5큰술(18쪽), 맛술 1큰술

만들기
냄비에 삶은 메추리알, 물, 맛간장, 맛술을
넣고 센 불에서 끓여요. 바글바글 끓으면
5분간 더 끓여요.
＊ 검은깨를 뿌려 마무리하면 예뻐요.

진미채볶음

재료(1~2인분)
진미채 100g, 마요네즈 2큰술, 양조간장 1큰술,
식용유 1큰술, 올리고당 1큰술, 다진 마늘 1작은술,
참기름 1작은술, 검은깨 약간

만들기
① 진미채는 먹기 좋은 크기로 잘라
따뜻한 물에 푹 담가 5분간 불려요.
물기를 꽉 짠 후 마요네즈에 버무려 10분간 재워요.
② 달군 팬에 양조간장, 식용유, 올리고당,
다진 마늘을 넣고 중간 불에서 끓여
부르르 끓어오르면 불을 꺼요.
③ 양념이 팬에서 한김 식으면 진미채를 넣고
중약 불에서 1분간 볶은 후 참기름, 검은깨를
뿌려 섞어요.

새우 캐슈넛볶음

재료(1~2인분)
두절 건새우 약 2컵(50g), 캐슈넛 약 1/2컵(50g),
맛간장 1큰술(18쪽), 식용유 1큰술, 올리고당
1과 1/2큰술, 다진 마늘 1작은술, 통깨 약간

만들기
① 기름 없이 달군 팬에 건새우, 캐슈넛을
넣고 중간 불에서 1~2분간 볶은 후
체에 밭쳐 불순물을 털어내요.
② 팬을 가볍게 털고 맛간장, 식용유,
올리고당, 다진 마늘을 넣고 중간 불에서 끓여요.
③ 끓어오르면 건새우, 캐슈넛을 넣고
중약 불로 줄여 1분 30초~2분간 볶고 통깨를 뿌려요.

김치볶음

재료(2인분)
익은 김치 약 1/3컵(50g), 들기름 1큰술,
설탕 1작은술, 통깨 약간

만들기
① 김치는 양념을 적당히 덜어낸 후
한입 크기로 썰어요.
② 달군 팬에 들기름과 김치를 함께 넣고
중약 불에서 2분간 볶아요. 설탕을 넣어
30초 더 볶은 후 통깨를 뿌려요.

콩자반

재료(4~5인분)
검은콩 약 2/3컵(100g), 물 2와 1/2컵(500㎖),
양조간장 2큰술, 올리고당 2큰술, 설탕 1큰술,
통깨 1/2큰술

만들기
① 검은콩은 넉넉한 양의 물에 담아 6시간 이상
불린 후 체에 밭쳐 물기를 빼요.
② 냄비에 불린 검은콩과 물(2와 1/2컵)을 넣고
센 불에서 끓여요. 끓어오르면 중약 불로 줄여
20분간 더 끓여요.
③ 양조간장, 올리고당을 넣고 저어가며
10분간 더 끓여요. 약한 불로 줄여 설탕을 넣고
5분간 끓인 후 센 불로 높여 1~2분 정도 졸이고
통깨를 뿌려요.

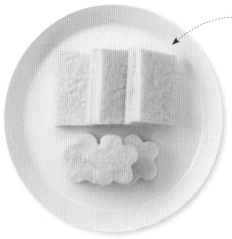

달걀말이

재료(2~3인분)
달걀 3개, 물 1큰술, 맛술 1작은술, 소금 약간,
식용유 약간

만들기
① 달걀을 볼에 푼 후 물, 맛술을 섞어요.
② 사각팬을 달군 후 식용유를 두르고
키친타월로 살살 펴서 팬 전체에 발라요.
③ 달걀물 1/4 분량을 넣고 펼친 후
약한 불에서 1~2분간 80% 정도 익혀 돌돌 말아
한쪽으로 밀어둬요. 이 과정을 3회 더 반복해
달걀말이를 만들어요.

두부강정

재료(2~3인분)
두부 1/2모(150g), 소금 1/2작은술(두부 밑간용),
전분 2큰술, 다진 양파 1큰술, 토마토케첩 2큰술,
올리고당 1큰술, 검은깨 약간, 식용유 5큰술

만들기
① 두부는 사방 1.5cm 크기로 깍뚝 썬 후
소금을 골고루 뿌려 밑간해요. 위생팩에 두부와
전분을 넣고 잘 흔들어 섞어서 두부에 전분이
골고루 묻게 해요.
② 달군 팬에 식용유를 두르고 두부를 올려
중간 불에서 굴려가며 5분간 익혀 덜어둬요.
③ 팬에 다진 양파를 넣어 약한 불에서 30초간
볶아요. 케첩, 올리고당을 넣어 끓어오르면 두부를
넣고 1분간 버무리듯 볶은 후 검은깨를 뿌려요.

달걀찜

재료(1~2인분)
달걀 3개, 물 1컵(200㎖), 맛술 1/2큰술,
시판 멸치 다시마국물 1큰술(18쪽,
또는 참치액 2작은술), 참기름 약간

만들기
① 달걀을 볼에 담아 곱게 푼 후
물, 맛술, 멸치 다시마국물을 넣고 섞어요.
② 찜그릇 안쪽에 참기름을 얇게 발라
코팅이 되도록 한 후 재료를 모두 부어요.
③ 큰 냄비에 찜그릇을 넣어요. 그릇 가장자리에
자작하게 차도록 물을 붓고 뚜껑을 덮어요.
④ 센 불에서 끓어오르면 약한 불로 줄여
뚜껑을 덮고 20~30분간 중탕으로 익혀요.

＊ 검은깨를 뿌려 마무리하면 예뻐요.

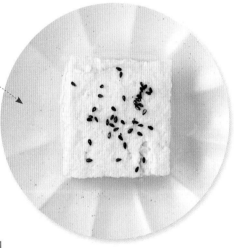

재료(1~2인분)

방울토마토 5개, 달걀 2개,
소금 1/4작은술, 올리브유 1큰술

만들기

① 방울토마토는 2등분하고
달걀은 소금을 넣고 풀어요.
② 달군 팬에 올리브유를 두르고
토마토를 넣어 중약 불에서 1분간
볶아요.
③ 달걀물을 붓고 그대로 두어
살짝 익으면 1분~1분30초간 볶아
스크램블을 만들어 섞어요.

＊ 파슬리가루를 뿌려 마무리하면
예뻐요.

감자 크래미볶음

재료(2~3인분)

감자 1개(200g), 피망 1/5개(20g),
크래미 2개(40g), 소금 약간, 식용유 1큰술

만들기

① 감자, 피망은 0.3cm 두께로 가늘게
채 썰어요. 감자채는 찬물에 5분간 담가
전분기를 뺀 후 체에 밭쳐 물기를 빼요.
② 크래미는 잘게 찢어요.
③ 달군 팬에 식용유를 두르고 감자, 소금을 넣어
중약 불에서 4~6분간 감자가 투명해질 때까지
볶은 후 피망, 크래미를 넣어 30초간 더 볶아요.

＊ 검은깨를 뿌려 마무리하면 예뻐요.

콘샐러드

재료(2~3인분)

캔 옥수수 약 1과 1/3컵(200g), 빨간 파프리카
1/2개(100g), 노란 파프리카 1/2개(100g),
오이 1/3개(70g), 양파 1/5개(40g),
마요네즈 3큰술, 허니머스터드 1과 1/2큰술,
올리고당 1큰술, 소금 약간

만들기

① 옥수수는 체에 밭쳐 물기를 최대한 빼요.
② 파프리카, 오이, 양파의 물기를 최대한 제거한 후
옥수수 크기로 잘게 썰어요.
③ 볼에 모든 재료를 넣고 골고루 섞어요.

＊ 양파의 매운맛이 부담되면 생략하고 다른 채소를
더 늘리세요.

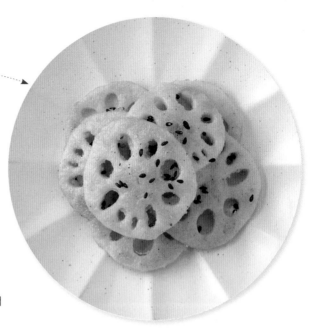

연근 카레구이

재료(2~3인분)

연근 1개(150g), 양조간장 1작은술,
부침가루 2큰술, 카레가루 1큰술,
식용유 3~4큰술

만들기

① 연근은 껍질을 벗기고 모양대로
0.5cm 두께로 썬 후 양조간장을 넣고
조물조물 버무려요.

② 부침가루와 카레가루를 섞어
연근에 얇게 묻힌 후 살살 털어요.

③ 달군 팬에 식용유를 두르고 중약 불에서
3분간 굽고, 뒤집어 2분간 더 구워요.

＊ 검은깨를 뿌려 마무리하면 예뻐요.

단무지무침

재료(1~2인분)

단무지 100g, 다진 마늘 1/2큰술,
고춧가루 1작은술, 올리고당 1작은술,
참기름 1작은술

만들기

① 단무지는 채 썰어 물에 5분간 담가
짠맛을 빼요.

② 물기를 꽉 짠 후 모든 양념을 넣고
조물조물 무쳐요.

＊ 검은깨를 뿌려 마무리하면 예뻐요.

시금치나물

재료(2~3인분)

시금치 4줌(200g), 국간장 1작은술,
소금 1/2작은술, 참기름 1큰술, 통깨 약간

만들기

① 끓는 물(물 4컵 + 소금 1/2큰술)에
손질한 시금치를 넣고 30~40초간 데친 후
찬물에 헹궈요.

② 물기를 꽉 짠 후 국간장, 소금, 참기름,
통깨를 넣어 무쳐요.

맛있게 요리하기 위한 계량 가이드

계량도구로 정확하게 계량하면 실수 없이 요리하게 되지요. 계량법과 함께 책 속 손대중과 눈대중의 무게 기준을 확인하세요.

계량법

1작은술 = 5mℓ

1큰술 = 15mℓ

1컵 = 200mℓ

가루류나 되직한 재료들은 가득 담아 윗면을 평평하게 깎아요.
액체류는 넘치기 직전까지 가득 채워요.

tip 계량도구 대신 밥숟가락, 종이컵으로 계량하기

1큰술(15mℓ) = 3작은술 = 밥숟가락 약 1과 1/2
1작은술(5mℓ) = 밥숟가락 약 1/2
1컵(200mℓ) = 종이컵 1컵

* 밥숟가락은 집집마다 크기가 달라 맛에 오차가 생기기 쉬우니
가급적 계량도구를 사용하는 것을 추천해요.

손대중 · 눈대중량 계량 기준

소금 약간(1~2꼬집)

양파 1개(중간크기, 200g)

당근 1개(중간크기, 200g)

감자 1개(중간크기, 200g)

애호박 1개(270g)

브로콜리 1개(300g)

시금치 1줌(50g)

콩나물 1줌(50g)

Part 1

우리 아이들에게 지금 가장 필요한 도시락이 무엇일까 많은 고민을 해보았어요.
'호기심 가득 동물원을 마음껏 구경하고, 동물원 한켠의 공원을 신나게 뛰노는 즐거움'을
선물할 수 있는 도시락이라면 좋겠다는 마음에, 귀여운 펭귄부터 인기쟁이 공룡까지 다양한 동물이 담긴
도시락을 준비했어요. 도시락과 함께 멋진 동물원 소풍을 떠나볼 수 있기를 바라면서요.

동물
도시락

펭귄 주먹밥과
간장 닭볶음탕 도시락

❝ 맵지 않아 아이들도 잘 먹는 간장 닭볶음탕과
귀여움 가득 펭귄 주먹밥의 환상 콤비. 여기에 당근 꽃까지
올리면 최강 비주얼의 도시락이 완성됩니다. ❞

콘샐러드 37쪽

간장 닭볶음탕 33쪽

펭귄 주먹밥 만들기

1

밥은 2등분해 동그랗게 뭉쳐요.

2

김은 4등분해요.

3

4등분한 김을 반으로 접어
하트 모양이 나오게 사진처럼 잘라요.

4

자른 김을 펼쳐 밥 위쪽 부분에 올려
감싸요.

5

김펀치를 활용해 김으로 눈을 만들어
붙여요.
*카이 김펀치(15쪽)를 활용했어요.

6

옥수수 2알로 펭귄 입을 꽂은 후
젓가락으로 케첩을 찍어 볼터치를
완성해요. 같은 방법으로 펭귄 주먹밥
2개를 만들어요.

재료

- 밥 160g(약 4/5공기)
- 김 1장
- 캔 옥수수 4알
  * 남은 옥수수알로
    콘샐러드(37쪽)를 만들어
    도시락에 함께 넣으세요.
- 토마토케첩 약간

도구

- 김펀치
- 가위
- 젓가락

당근 리본핀으로 장식하기
당근을 얇게 썰어 리본 모양틀로
자른 다음, 빨대로 치즈를
찍어 가운데 올리세요.
이때 마요네즈를 조금 묻혀
붙이면 쉽게 떨어지지 않아요.
당근 리본핀을 주먹밥에
고정할 때는 구운 스파게티면
(25쪽)을 활용하세요.

돼지 주먹밥과
분홍소시지구이 도시락

분홍소시지구이

잔멸치볶음 34쪽

김치볶음 35쪽

돼지 주먹밥 만들기

1
밥은 2등분해 동그랗게 뭉쳐요

2
분홍소시지는 0.5cm 두께로
얇게 썰어 체에 담아 뜨거운 물을
부어 헹구면서 익혀요.
＊ 남은 분홍소시지는 맛있게 구워
도시락(tip 참고)에 함께 넣으세요.

3
분홍소시지를 작은 원형틀로 찍어
동그라미를 만든 후 빨대로 구멍을
2개 뚫어 돼지코를 만들어요. 주먹밥에
올려요. ＊ 마요네즈를 조금 묻혀 장식을
고정시키면 쉽게 떨어지지 않아 좋아요.

4
분홍소시지를 가위나 칼로 마름모
모양이 되게 잘라 돼지귀를 만들어요.
구운 스파게티면에 꽂아 주먹밥의
윗부분에 꽂아요.

5
김펀치를 활용해 김으로 눈을 만들어
붙여요.
＊ 카이 김펀치(15쪽)를 활용했어요.

6
젓가락으로 케첩을 찍어 볼터치를
완성해요. 같은 방법으로 돼지 주먹밥
2개를 만들어요.

재료

• 밥 160g(약 4/5공기)
• 분홍소시지 70g
• 구운 스파게티면 1가닥(25쪽)
• 김 약간
• 토마토케첩 약간

도구

• 작은 원형틀
• 빨대
• 김펀치
• 가위(또는 칼)
• 젓가락

콩콩tip
분홍소시지구이 만들기
남은 분홍소시지 슬라이스를
다양한 모양틀로 찍어
구워도 좋아요. 달군 팬에
식용유를 두르고 분홍소시지를
올려 중약 불에서 앞뒤로 2~3분간
노릇하게 구워요. 달걀물을
골고루 묻혀 구워도 맛있어요.

45

알록달록 공룡알과
공룡 치즈 도시락

❝ 김과 치즈만 있으면 도시락 안에 멋진 쥬라기 공원이
펼쳐져요. 메추리알과 채소를 활용해 만든 공룡알도 함께 담아
스릴 만점 도시락을 준비하세요. ❞

알록달록 공룡알과
공룡 치즈 도시락

재료

쇠고기 주먹밥
- 밥 160g(약 4/5공기)
- 쇠고기 다짐육 50g
- 애호박 1/7개(40g)
- 당근 1/7개(30g)
- 소금 1/3작은술
- 식용유 1/2큰술

공룡 치즈
- 김 1장
- 슬라이스치즈 2장

공룡알
- 삶은 메추리알 5~6개
- 오이 약간
- 당근 약간

도구
- 공룡 모양 쿠키틀
  (또는 종이, 가위)
- 가위
- 이쑤시개(또는 칼)
- 빨대
- 김펀치

쇠고기 주먹밥 만들기

1
쇠고기 다짐육은 키친타월로 감싸
살짝 눌러 핏물을 제거해요.
애호박, 당근은 잘게 다져요.

2
달군 팬에 식용유를 두르고 쇠고기,
애호박, 당근, 소금을 넣고 중약 불에서
3분간 볶아요.

3
밥을 넣고 중강 불에서 밥을 풀어가며
2분간 빠르게 볶아요. 한김 식힌 후 밥을
9등분해 주먹밥을 만들어 담아요.

공룡 치즈 만들기

4
김은 4등분해요.

5

흰 종이 위에, 잘라놓은 김 안에 들어갈
수 있는 사이즈로 공룡 그림을 그려요.
공룡 모양 쿠키틀을 활용해도 좋아요.

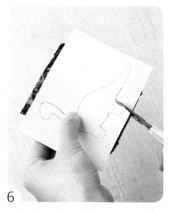

6

자른 김을 2장씩 겹친 후 위에
공룡 모양 종이를 올려 모양대로 잘라
공룡 김을 만들어요.

7

치즈에 공룡 김을 앞면에 붙인 후 칼이나
이쑤시개로 치즈를 오려내요. 뒷면에도
공룡 김을 붙여 공룡 치즈를 완성해요.
＊김을 치즈 앞뒤로 동일하게 붙여야
치즈가 오그라드는 걸 방지할 수 있어요.

8

이쑤시개를 활용해 공룡 치즈
가장자리를 깔끔하게 정리해요.

9

빨대로 치즈를 찍어 공룡 눈을,
김펀치로 김을 찍어 눈알을 만들어
공룡 치즈 위에 붙여요.
＊카이 김펀치(15쪽)를 활용했어요.

10

칼이나 이쑤시개로 남은 치즈를
공룡 뿔 모양으로 잘라 공룡 치즈 등쪽에
붙여요. 쇠고기 주먹밥 위에 올려요.

공룡알 만들기

11

빨대로 메추리알 곳곳을 찍어
구멍을 뚫어요.

12

오이, 당근을 0.7cm 두께로 슬라이스한
후 빨대로 찍어 메추리알 구멍에 번갈아
끼워요. ＊오이, 당근은 0.7cm 정도로
길게 잘라야 끼운 후 쉽게 빠지지 않아요.

꽃게밥 짜장 도시락

❝ 고소함이 가득한 짜장밥 갯벌 위로 꽃게 주먹밥이 총총 기어가고 있어요. 바다로 여행을 떠나는 날, 준비하면 좋을 꽃게밥 짜장 도시락을 소개합니다. ❞

토마토 병정 31쪽

꿀벌 달걀과
쇠고기 시금치 도시락

❝ 포슬포슬 쇠고기볶음과 달큰한 시금시나물로 만드는 영양 만점 꿀벌 달걀 밥 도시락. 즐거운 소풍 날, 친구들의 눈길을 사로잡을 만한 깜찍한 도시락이랍니다. ❞

달걀 꽃 소시지 30쪽

꽃게밥 짜장 도시락

재료

짜장(2회분)
- 돼지고기 다짐육 100g
- 양파 1/4개(50g)
- 애호박 1/4개(60g)
- 당근 1/4개(50g)
- 감자 1/4개(50g)
- 양배추 1장(손바닥크기, 30g)
- 시판 짜장소스 150g(18쪽)
- 식용유 약간
- * 너무 적은 분량은 요리하기
  어려우니 2회분을 만들어
  남은 것은 보관 후 활용해요.
  tip 참고.

꽃게밥(1회분)
- 밥 160g(약 4/5공기)
- 당근 슬라이스 2조각
- 구운 스파게티면 1가닥(25쪽)
- 슬라이스치즈 약간
- 김 약간

도구
- 작은 하트틀
- 빨대
- 김펀치

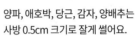

1 양파, 애호박, 당근, 감자, 양배추는
사방 0.5cm 크기로 잘게 썰어요.

2 달군 팬에 식용유를 두르고
돼지고기와 잘게 썬 채소를 넣어
중간 불에서 5분간 볶아요.

3 짜장소스를 넣고 중간 불에서
1분간 더 볶아요. 한김 식힌 후
도시락에 평평하게 담아요.

꽃게밥 만들기

4 밥을 사진처럼 동그랗고 납작한
모양으로 만들어요.

5

작은 하트틀로 당근 슬라이스를 잘라 집게 발 모양 2개를 만들어 밥에 꽂아요.

6

구운 스파게티면을 잘라 밥에 꽂아 꽃게 발을 꾸며요.

7

빨대로 치즈를 찍어 꽃게 눈을 만든 후 김펀치를 활용해 김으로 눈알을 만들어 붙여요. 구운 스파게티면에 꽂아 눈을 고정시켜요.

＊ 카이 김펀치(15쪽)를 활용했어요.

8

김펀치를 활용해 김으로 입을 만들어 붙이고 도시락 속 짜장 위에 올려요.

＊ 남은 치즈를 별틀로 찍어 장식으로 활용하면 예뻐요.

남은 짜장 보관하기

짜장을 볶으며 나온 기름도 함께 담아 보관하면 풍미를 더해주고 공기와의 접촉을 막아 보관 기간도 늘려줍니다.

춘장이나 짜장가루로 짜장 만들기

이 레시피의 짜장은 양념이 모두 되어있는 시판 짜장소스(18쪽)로 만들었어요. 춘장이나 짜장가루로 만든다면 참고하세요. 채소와 고기 분량은 동일해요.

춘장으로 만들기

① 달군 팬에 식용유를 두르고 잘게 썬 채소와 돼지고기를 넣어 중간 불에서 3분간 볶아요.
② 춘장(100g)을 넣고 1분 더 볶아요.
③ 물(1컵, 200㎖)을 붓고 중약 불로 줄여 7분간 저어가며 끓여요.
④ 굴소스(1/2큰술), 올리고당(1큰술)을 넣어 간을 맞춰요.
⑤ 녹말물(물 2큰술 + 전분 1큰술 섞은 것)을 풀어 걸쭉해질 때까지 1~2분간 더 끓여요.

짜장가루로 만들기

① 달군 팬에 식용유를 두르고 잘게 썬 채소와 돼지고기를 넣어 중간 불에서 3분간 볶아요.
② 물(1컵, 200㎖)을 붓고 중약 불로 줄여 7분간 저어가며 끓여요.
③ 짜장가루(4큰술)를 풀어 농도를 조절하며 1~2분간 더 끓여요.

꿀벌 달걀과
쇠고기 시금치 도시락

재료

- 밥 160g(약 4/5공기)

쇠고기볶음(1~2회분)
- 쇠고기 다짐육 100g
- 양조간장 1/2작은술
- 맛술 1/2작은술
- 소금 1/4작은술
- 식용유 1작은술

시금치나물(2~3회분)
- 시금치 4줌(200g)
- 국간장 1작은술
- 소금 1/2작은술
- 참기름 1큰술
- 통깨 약간
* 너무 적은 분량은 요리하기
  어려우니 넉넉히 만들어
  남은 것은 보관 후 활용해요.

꿀벌 달걀
- 달걀 1개
- 슬라이스치즈 약간
- 김 약간
- 토마토케첩 약간씩
- 식용유 약간

도구
- 타원틀(또는 가위)
- 물방울틀(또는 이쑤시개)
- 김펀치
- 젓가락

쇠고기볶음 만들기

1
달군 팬에 식용유(1작은술)를 두르고 쇠고기 다짐육을 넣어 중간 불에서 1~2분간 볶아요. 간장, 맛술, 소금을 넣어 중약 불에서 3~4분간 더 볶아요.

시금치나물 만들기

2
시금치는 손질해 끓는 물(물 4컵 + 소금 1/2큰술)에 넣고 30~40초간 데친 후 찬물에 헹궈 물기를 짜고 국간장, 소금, 참기름, 통깨를 넣어 무쳐요.

꿀벌 달걀 만들기

3
볼에 달걀을 풀어 체에 걸러요.

4
약한 불로 팬을 달군 후 식용유(약간)를 두르고 키친타월로 팬 전체에 기름을 펴 발라요. 달걀물을 붓고 약한 불에서 2~3분간 지단을 부친 후 넓은 그릇에 담아 한김 식혀요.

5

한김 식은 달걀 지단을 작은 타원틀이나
가위로 타원 모양이 되게 잘라
꿀벌 몸통 4개를 준비해요.

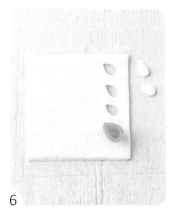

6

치즈를 물방울틀이나 이쑤시개로
물방울 모양이 되게 잘라 날개 8개를
만들어요.

7

김펀치를 활용해 김으로 눈,
꿀벌 줄무늬를 만들어 달걀에 붙여요.
* 카이 김펀치(15쪽)를 활용했어요.

8

⑥의 날개를 올려요.
* 마요네즈를 조금 묻혀 장식을
고정시키면 쉽게 떨어지지 않아 좋아요.

9

젓가락으로 케첩을 찍어 볼터치를
완성해요. 같은 방법으로 꿀벌 달걀
4개를 만들어요.

10

도시락에 밥을 펼쳐 깔고 쇠고기볶음,
시금치나물을 사진처럼 평평하게
올린 후 위에 꿀벌 달걀을 올려요.

토끼 달걀과 마파두부 도시락

❝ 도시락 뚜껑을 열자마자 기분 좋은 미소를 짓게 될
도시락 레시피를 알려드릴게요. 보들보들 풍미 깊은 마파두부
위에 귀여운 달걀 토끼가 깡총! ❞

마파두부 만들기

1
두부는 사방 1.5cm 크기로 깍둑 썰어요.
피망, 양파는 사방 0.5cm 크기로 잘게
썰어요.

2
달군 팬에 식용유를 두른 후 돼지고기,
피망, 양파를 넣고 중간 불에서 2분간
볶아요. 두부, 물(1/2컵), 굴소스, 두반장,
맛술, 올리고당을 넣고 중간 불에서
3분간 더 볶아요.

3
약한 불로 줄인 후 녹말물을 조금씩
부어 농도를 되직하게 조절하며
1분간 더 끓여요. 한김 식힌 후
밥과 마파두부를 도시락에 담아요.

토끼 달걀 만들기

4
모양틀 또는 가위로 당근을 귀 모양으로
길쭉하게 잘라 달걀 윗부분에 꽂아요.

5
김펀치를 활용해 김으로 토끼 눈, 코,
입을 만들어 붙여요.
* 카이 김펀치(15쪽)를 활용했어요.

6
젓가락으로 케첩을 찍어 볼터치를 해요.
도시락 속 마파두부 위에 올려요.

재료

- 밥 160g(약 4/5공기)

마파두부
- 두부 1/6모(50g)
- 돼지고기 다짐육 100g
- 피망 1/4개(25g)
- 양파 1/8개(25g)
- 물 1/2컵(100㎖)
- 굴소스 1큰술
- 두반장 1/2큰술
- 맛술 1큰술
- 올리고당 1/2큰술
- 녹말물
  (물 2큰술 + 전분 1큰술)
- 식용유 1/2큰술

토끼 달걀
- 삶은 달걀 1개(삶는 법 85쪽)
- 당근 슬라이스 1조각
- 김 약간
- 토마토케첩 약간

도구
- 모양틀(또는 가위)
- 김펀치
- 젓가락

달걀 흔들리지 않게 올리기
마지막에 토끼 달걀을
도시락에 올릴 때 달걀이
흔들리지 않도록 달걀 아래쪽을
살짝 잘라내 평평하게 만든 후
담아주어도 좋아요.

불독 버터 간장밥과 미니 함박볼 도시락

" 잃어버린 입맛 되찾아주는 버터 간장밥을 활용해
시크한 표정이 매력적인 불독밥을 만들어보세요.
여기에 미니 함박볼을 함께 담아내면 정성도, 영양도 듬뿍! "

콘샐러드 37쪽

미니 함박볼 33쪽

불독 버터 간장밥 만들기

1

볼에 밥, 간장, 버터를 넣고 섞어요.

2

버터 간장밥(120g)으로 사진처럼
불독 얼굴을 만들어요.

3

남은 밥을 2등분해(20g씩) 뭉쳐서
양쪽 귀를 만들어 얼굴에 붙여요.

4

가위나 이쑤시개를 활용해 치즈로
타원형 1개, 반달 모양 2개, 막대 모양
1개를 잘라 사진처럼 눈과 입을 붙여요.

5

김펀치를 활용해 김으로 눈, 코, 볼을
만들어 붙여요.
＊ 카이 김펀치(15쪽)를 활용했어요.

6

파프리카를 잘라 혀를 붙여요.
＊ 파프리카 대신 방울토마토를 활용해도
좋아요.

재료

- 따뜻한 밥 160g(약 4/5공기)
- 양조간장 1/2큰술
  (또는 달걀간장 18쪽)
- 버터 1작은술(5g)
- 슬라이스치즈 1장
- 김 약간
- 파프리카 약간(또는 토마토)

도구

- 김펀치
- 가위(또는 이쑤시개)

꽁꽁 tip

브로콜리와 치즈로 장식하기
불독 버터 간장밥을 도시락에
담고, 빈 공간에 데친
브로콜리(데치는 법 160쪽)를
촘촘히 넣으면 밥이 흔들리지
않게 고정해주고 색감도
살려줘요. 남은 치즈를 작은
모양틀로 찍어 브로콜리 위를
장식하면 더 발랄한 느낌의
캐릭터 도시락이 완성돼요.

사자 카레밥 도시락

❝ 노란 카레밥으로 얼굴을 만들고 소시지와 스파게티면으로 갈기와 수염을 멋지게 꾸며주면 사자처럼 힘이 솟아나는 영양 만점 도시락이 완성됩니다. ❞

김치볶음 35쪽

곰돌이 유부초밥 도시락

❝ 귀여운 곰돌이 친구들이 사는 숲 속 도시락을 만들어보세요. 오손도손 모여있는 곰돌이 가족을 보는 순간 기분 좋은 웃음이 얼굴에 번질 거예요. ❞

메추리알 곰 발바닥 30쪽

사자 카레밥 도시락

재료

- 밥 160g(약 4/5공기)
- 돼지고기 다짐육 50g
- 감자 1/4개(50g)
- 양파 1/4개(50g)
- 카레소스
  (카레가루 1큰술 + 물 1큰술)
- 식용유 약간
- 비엔나 소시지 6개
- 구운 스파게티면 1가닥(25쪽)
- 슬라이스치즈 1장
- 김 약간
- 토마토케첩 약간

도구

- 하트틀(또는 이쑤시개)
- 김펀치
- 젓가락

카레밥 만들기

1
카레가루에 물을 넣고 고루 섞어
카레소소를 만들어요.
감자, 양파는 잘게 다져요.

2
소시지는 반으로 잘라 끓는 물에
30초간 데쳐 기름기를 뺀 후
체에 밭쳐 물기를 빼요.

3
달군 팬에 식용유를 두르고 돼지고기,
감자, 양파를 넣어 중간 불에서 5분간
볶아요.

4
밥과 카레소스를 넣고 중간 불에서
밥알을 주걱으로 풀어가며 2분간
빠르게 볶아요.

5

한김 식힌 카레밥을 동그랗고
납작한 모양으로 만들어
도시락 가운데에 담아요.

6

둥근 카레밥 가장자리에 데친 소시지를
둘러 담아요.

7

하트틀이나 이쑤시개를 활용해
치즈를 하트 모양으로 잘라 뒤집어
사자 입 모양을 붙여요.
* 마요네즈를 조금 묻혀 장식을
고정시키면 쉽게 떨어지지 않아 좋아요.

8

김펀치를 활용해 김으로 사자 눈썹, 눈,
코, 코털, 인중을 만들어 붙여요.
* 카이 김펀치(15쪽)를 활용했어요.

9

구운 스파게티면을 잘라 얼굴 양쪽에
꽂아 수염을 완성해요

10

젓가락으로 케첩을 찍어 볼터치를
완성해요.

곰돌이 유부초밥 도시락

재료

- 따뜻한 밥 160g(약 4/5공기)
- 시판 사각 유부초밥 1봉
  (8개 사용, 19쪽)
- 슬라이스치즈 1장
- 김 약간
- 토마토케첩 약간

도구

- 칼날볼(또는 스무디 빨대)
- 김펀치
- 젓가락

유부초밥 만들기

1
유부피는 손으로 짜서 물기를 제거해요.

2
볼에 밥과 유부초밥 양념 1/2 분량을
넣고 골고루 섞어요.

3
유부피에 밥을 채워요.

4
유부가 직사각형 모양이 되도록 다듬어
유부초밥 8개를 완성해요. 평평하고
납작한 직사각형 모양일수록 장식을
올리기가 쉬워요.

5

치즈를 칼날볼(15쪽)이나 스무디 빨대로
찍어 동그라미 모양 16개를 만들어요.

6

동그라미 모양 치즈를 유부초밥 가운데
붙여 곰돌이 입을 완성해요.
＊ 마요네즈를 조금 묻혀 장식을
고정시키면 쉽게 떨어지지 않아 좋아요.

7

남은 동그라미 모양의 치즈를 이등분해
귀를 붙여요.

8

김펀치를 활용해 김으로
눈, 코, 입을 만들어 붙여요.
＊ 카이 김펀치(15쪽)를 활용했어요.

9

젓가락으로 케첩을 찍어 볼터치를
완성해요. 같은 방법으로 곰돌이
유부초밥 8개를 만들어요.

곰돌이 모닝빵 도시락

❝❝ 햄과 치즈로 만든 뽀글뽀글 귀여운 헤어 스타일의
곰돌이 모닝빵. 달콤한 과일, 디저트와 함께 준비하기
좋은 간식 도시락이랍니다. ❞❞

곰돌이 모닝빵 만들기

1
모닝빵 가운데를 2/3 깊이만큼
칼집을 내요. ✱ 표면이 주름지지 않고,
매끄러운 모닝빵을 사용하면 곰돌이
표정이 더욱 예쁘게 완성됩니다.

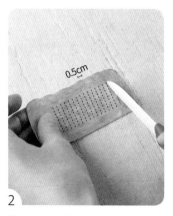

2
햄은 2등분한 후 가운데 부분만 칼집을
0.5cm 간격으로 일정하게 넣어요.

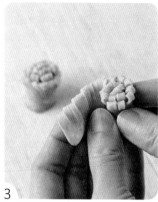
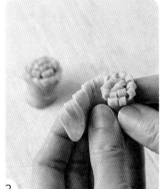

3
햄을 반으로 접어 돌돌 말아요.
나머지 햄도 같은 방법으로 돌돌 말아
준비해요.

4
슬라이스치즈는 4등분한 후
모두 돌돌 말아요.

5
모닝빵 가운데 딸기잼을 바른 후
청상추를 넣고 돌돌 말아놓은
햄, 치즈를 꽂아요.

6
김펀치를 활용해 김으로 눈, 코를 만들어
붙여요. 젓가락으로 케첩을 찍어 볼터치를
해요. 같은 방법으로 2개를 만들어요.
✱ 카이 김펀치(15쪽)를 활용했어요.
✱ 마요네즈를 묻혀 장식을 고정시키세요.

재료

- 모닝빵 2개
- 딸기잼 1큰술
- 샌드위치햄 2장(생식용)
- 슬라이스치즈 1장
- 청상추 2장
- 김 약간

도구

- 김펀치
- 젓가락

모닝빵 높이 조절하기
도시락 뚜껑을 닫았을 때,
모닝빵의 볼터치가 도시락
뚜껑에 닿지 않도록 모닝빵
높이를 조절하세요.

Part 2

집 안에서 한 편의 봄소풍이 펼쳐질 수 있도록 과일과 꽃을 테마로 한 도시락을 준비해 보았어요.
향긋한 봄 날의 과수원을 닮은 사과 김밥, 새콤달콤 단무지 꽃이 핀 주먹밥, 보기만 해도 기분 좋은 해바라기 함박 도시락.
우리 집을 최고의 봄소풍 핫플레이스로 만들어주는 도시락 레시피를 소개합니다.

과일
꽃
___
도시락

사과 김밥 도시락

❝ 잘 익은 사과만큼 맛있는 사과 김밥이에요.
도시락 안에 사과 과수원이 펼쳐진 듯
상큼하고 아기자기한 도시락을 준비해보세요. ❞

쇠고기 오이볶음 32쪽

메추리알 장조림 34쪽

사과 김밥 만들기

1
달걀에 소금을 넣고 풀어요. 약한 불로
사각팬을 달군 후 식용유를 두르고
키친타월로 팬 전체에 기름을 닦아내듯이
고루 펴 발라요. 달걀물 1/3 분량을 붓고
약한 불에서 2~3분간 부쳐요. 3장을 부쳐
한김 식혀요.

2
지단 3장을 나란히 위로 놓은 후
맛살 2개를 겹쳐 올려 돌돌 말아요.

3
②를 랩으로 감싸 잠시 고정해둬요.

4
배합초 재료를 고루 섞은 후 1/3 분량만
밥에 넣고 섞어요.

5
김발 위에 김을 세로가 길게 올리고
밥을 펼친 후 ③을 가운데 올려 말아요.
＊ 밥으로 김을 꽉 채우지 말고 위쪽을
일부 남겨 물이나 밥알을 발라 붙이면
김밥이 깔끔해요.

6
먹기 좋게 썬 후 맛살 위에 검은깨를 올려
사과씨를 만들고, 무순을 꽂아요.

재료

- 따뜻한 밥 130g(약 2/3공기)
- 맛살 긴 것 2개
- 김밥 김 1장
- 검은깨 약간
- 무순 약간

달걀 지단
- 달걀 3개
- 소금 1/4작은술
- 식용유 약간

배합초(3회분)
- 설탕 1큰술
- 식초 1큰술
- 소금 1/4작은술
＊ 너무 적은 분량은 설탕이
잘 녹지 않으니 3회분을
만들어 활용해요.

도구

- 김발

배합초 미리 만들기
배합초는 잘 어울리게
미리 섞어두면 좋아요.
소금, 설탕이 잘 녹지 않을 때는
전자레인지에 10초 가량
살짝 데우세요.

딸기 오무라이스 도시락

귤치즈 두부 주먹밥 도시락

66 치즈와 두부가 만나 귀여운 귤 도시락이 완성되었어요.
눈으로는 상큼함을, 입으로는 고소함을 즐길 수 있는
단백질 듬뿍 건강 도시락이에요. 99

시금치나물 38쪽

잔멸치볶음 34쪽

딸기 오무라이스 도시락

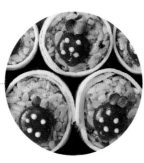

재료

- 밥 160g(약 4/5공기)
- 달걀 2개
- 당근 1/10개(20g)
- 양파 1/10개(20g)
- 양송이버섯 2개
- 햄 또는 소시지 30g
- 토마토소스 2큰술(파스타용)
- 식용유 2큰술
- 무순 약간
- 토마토케첩 약간
- 마요네즈 약간

도구

- 나무꼬치(또는 이쑤시개)

오무라이스 만들기

1 당근, 양파, 양송이버섯, 햄은 잘게 다져요.

2 볼에 달걀을 풀어요.

3 달군 팬에 식용유(1큰술)를 두르고 다진 재료를 넣어 중간 불에서 3분간 볶아요.

4 밥, 토마토소스를 넣고 밥알을 풀어가며 1분간 볶아요.

5

한김 식은 밥을 8등분해
동그랗게 뭉쳐요.

6

약한 불로 사각팬을 달군 후
식용유(1/2큰술)를 두르고 키친타월로
팬 전체에 기름을 닦아내듯이 고루
펴 발라요. 달걀물 1/2 분량을 붓고
약한 불에서 2~3분간 부쳐요. 2장을 부쳐
한김 식혀요.

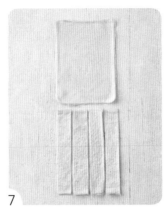

7

지단은 2.5cm 폭으로 길게 잘라요.

8

뭉친 주먹밥을 지단으로 돌돌 말아요.

9

도시락에 세워 담고 위쪽 부분에 케첩을
딸기 모양으로 짜서 올려요.

＊지단 끝부분이 서로 맞닿도록 담으면
지단이 쉽게 풀리지 않아요.

10

나무꼬치 또는 이쑤시개에 소량의
마요네즈를 묻혀 딸기씨를 그려 넣고
무순을 잘라 꽂아요.

75

귤치즈
두부 주먹밥 도시락

재료

두부 주먹밥
- 밥 160g(약 4/5공기)
- 두부 1/6모(50g)
- 쇠고기 다짐육 30g
- 당근 1/10개(20g)
- 양파 1/10개(20g)
- 소금 1/4작은술
- 식용유 1/2큰술

귤치즈
- 슬라이스치즈(노란색) 1과 1/2장
- 슬라이스치즈(주황색) 1장

도구
- 원형틀(큰 것, 작은 것)

두부 주먹밥 만들기

1
당근, 양파는 잘게 다져요.

2
두부는 으깬 후 물기를 꽉 짜요.

3
달군 팬에 기름을 두르지 않고
으깬 두부만 넣어 수분이 날아갈 때까지
중간 불에서 2~3분간 볶아 그릇에
덜어둬요.

4
팬을 닦고 다시 달궈 식용유를 두르고
쇠고기, 당근, 양파, 소금을 넣어
중간 불에서 3분간 볶아요.

5

밥과 덜어둔 두부를 넣고
밥알을 풀어가며 1분간 볶아요.

6

한김 식힌 후 6등분해 동그랗게 뭉쳐요.

귤치즈 만들기

7

치즈(노란색)는 원형틀(큰 것)로 찍어
동그라미 모양 6개를 만들어요.

8

치즈(주황색)는 ⑦보다 작은 크기의
원형틀로 찍어 동그라미 모양 6개를
만들어요.

9

⑧의 치즈를 7~8등분해요.

10

치즈(노란색) 위에 치즈(주황색) 조각을
6~7개씩 간격을 벌려 올려서 귤 모양을
만들어 주먹밥 위에 올려요.

11

⑩의 주먹밥을 내열접시에 담아
전자레인지에서 40초간 돌려 도시락에
담아요. ✱ 전자레인지에서 꺼냈을 때
치즈가 조금 덜 녹았다는 느낌이 들
정도로만 데워야 모양이 예쁘게 완성돼요.

수박 주먹밥과
달걀말이 도시락

시원한 계곡에서 물놀이를 하며 먹었던 달콤한 수박.
그 잊지 못할 여름 날의 추억을 사계절 내내 떠올리게 할
멋진 과일 캐릭터 도시락이랍니다.

김치볶음 35쪽

파인애플 볶음밥 도시락

❝ 트로피컬의 화려한 컬러가 가득한 파인애플 볶음밥.
달걀 지단 모자이크 때문에 인내심을 요하지만, 정말 인기가 많았던
도시락이에요. 아이용은 물론 데이트 도시락으로도 추천해요. ❞

토마토 병정 31쪽

수박 주먹밥과
달걀말이 도시락

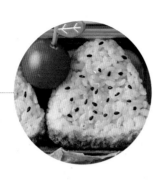

재료

수박 달걀말이
- 달걀 3개
- 물 1큰술
- 맛술 1작은술
- 소금 약간
- 식용유 약간
- 오이 슬라이스 2조각
- 맛살 긴 것 1/2개(빨간 부분)
- 검은깨 약간

수박 주먹밥
- 밥 160g(약 4/5공기)
- 색가루 분홍색 1봉(데코후리, 19쪽)
- 색가루 연두색 1/2봉(데코후리, 19쪽)
- 감태가루 약간(19쪽)
- 검은깨 약간

도구
- 삼각주먹밥틀
- 가위

수박 달걀말이 만들기

1

달걀, 물, 맛술, 소금을 볼에 풀어요.
약한 불로 사각팬을 달군 후 식용유를
두르고 키친타월로 팬 전체에 기름을
닦아내듯이 고루 펴 발라요.

2

달걀물 1/4 분량을 부어 얇게 편 후
약한 불에서 1~2분간 80% 정도 익혀요.
돌돌 말아 팬 한쪽에 밀어 놓고, 비슷한
양의 달걀물을 부어 같은 방법으로
익힌 후 말아진 달걀말이로 돌돌 말아요.
2회 더 반복해 달걀말이를 완성해요.

3

오이 슬라이스는 반으로 잘라요.

4

맛살은 빨간 부분만 떼어낸 후
가위로 반달 모양이 되도록 잘라요.

5

오이 위에 맛살과 검은깨를 차례대로
올린 후 달걀말이 위에 올려요.
* 마요네즈를 조금 묻혀 장식을
고정시키면 쉽게 떨어지지 않아 좋아요.

수박 주먹밥 만들기

6

밥(110g)에 색가루 분홍색,
또 다른 밥(50g)에 색가루 연두색을
각각 넣어 고루 섞어요.

7

삼각주먹밥틀에 연두밥 1/2 분량을
꾹꾹 눌러 담아요.

8

그 위에 분홍밥 1/2 분량을 꾹꾹 눌러
담아 삼각형 모양으로 만들어요.
같은 과정을 반복해 주먹밥 2개를
준비해요.

9

수박 주먹밥 하단에 감태가루를
골고루 묻혀요.

10

수박 과육 부분에 검은깨를 뿌려요.

파인애플 볶음밥 도시락

재료

파인애플 볶음밥
- 밥 160g(약 4/5공기)
- 돼지고기 다짐육 20g
- 생새우살 3~4마리
- 당근 1/10개(20g)
- 양파 1/10개(20g)
- 파프리카 1/10개(20g)
- 파인애플링 1/3개
- 대파 5cm
- 굴소스 1큰술
- 피시소스 1/2작은술
  (또는 까나리나 멸치액젓)
- 식용유 1/2큰술
- 돈가스소스 2~3큰술
  (시판 또는 132쪽 레시피 참고)

파인애플 장식
- 달걀 2개
- 식용유 약간
- 토마토케첩 약간
- 파슬리 약간

피시소스 이해하기

동남아 요리에 많이 쓰이는 소스로
까나리나 멸치액젓과 풍미가 비슷해요.
볶음이나 무침에 소량씩 활용하면
감칠맛을 더할 수 있어요.

파인애플 볶음밥 만들기

1
당근, 양파, 파프리카, 파인애플,
생새우살은 잘게 다져요.
대파는 송송 썰어요.
* 다진 파인애플은 다른 재료들에
  섞이지 않게 따로 둬요.

2
달군 팬에 식용유를 두르고 대파를 넣어
중간 불에서 30초간 볶아요.

3
파인애플을 제외한 다진 모든 재료들과
돼지고기를 넣고 3분간 볶아요.

4
밥, 굴소스, 피시소스를 넣고
중강 불에서 밥알을 풀어가며 1분간
빠르게 볶다가 마지막에 파인애플을
넣고 20초간 더 볶아요.

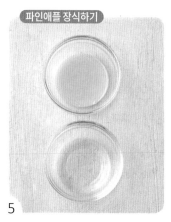

5

달걀은 흰자, 노른자로 분리한 후
곱게 풀어 준비해요.

6

약한 불로 원형팬을 달군 후 식용유를
두르고 키친타월로 팬 전체에 기름을
펴 발라요. 달걀 흰자를 붓고 약한 불에서
2~3분간 지단을 부쳐요. 이어 노른자도
같은 방식으로 지단을 부쳐요.

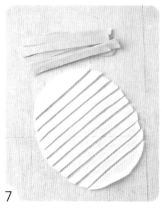

7

흰자, 노른자 지단은 1cm 폭으로
길쭉하게 잘라요.

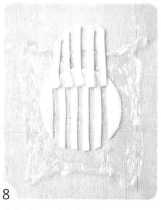

8

랩을 깔고 그 위에 길게 자른 흰자 지단을
교차하여 위로 들어올려요.

9

노른자 지단을 가로 방향으로 올려요.
들어올린 흰자 지단은 내리고
바닥에 있는 흰자 지단을 올린 후
다시 노른자 지단을 놓아요.

10

⑨의 과정을 반복해 파인애플 무늬를
완성해요.

11

볶음밥을 올리고 랩으로 동그랗게
모양을 잡은 후 고정이 잘 되도록
5분 정도 두어요.

12

도시락에 돈가스소스를 얇게 깔고
그 위에 랩을 벗긴 파인애플 볶음밥을
올려요. 흰자, 노른자 교차 지점에
젓가락으로 케첩을 찍어준 후
파슬리로 장식해요.

체리 모닝빵 도시락

간편하게 만들 수 있는 간식 도시락이에요.
부드러운 달걀 위에 빨간 체리를 올려 사랑스러운
체리 모닝빵을 만들어보세요.

- 모닝빵 2개
- 달걀 2개
- 소금 1/2큰술(달걀 삶는 용)
- 식초 1큰술(달걀 삶는 용)
- 마요네즈 2/3작은술
- 허브솔트 약간
- 오이 약간(또는 무순 줄기)
- 토마토케첩 약간

1
냄비에 달걀이 잠길 만큼 물을 붓고
소금, 식초를 넣어 끓여요.
물이 끓어오르면 달걀을 넣고
중간 불에서 10분간 삶아요.

2
오이는 껍질 부분을 가늘게 잘라
준비해요.

3
삶은 달걀은 찬물에 담가 식힌 후 껍질을
벗겨요. 사진처럼 흰자 끝을 잘라낸 후
노른자가 보이기 직전 흰자 부분까지
슬라이스해 2개를 준비해요.
＊ 달걀 슬라이서(16쪽)를 사용하면
더 깔끔하게 자를 수 있어요.

4
③에서 잘라둔 흰자 슬라이스를 제외한
나머지 달걀은 볼에 담아 으깬 후
마요네즈, 허브솔트를 넣고 섞어요.

5
모닝빵 윗부분을 잘라낸 후 빵 속을
파내요. 그 속에 ④를 넣어 채우고
③의 달걀 흰자를 올려요.

6
케첩으로 체리 열매를 만들고 가늘게
자른 오이로 체리 줄기를 붙여 모양을
완성해요.

모닝빵 높이 조절하기
도시락에 담을 때 케첩이
도시락 뚜껑에 닿지 않도록
⑤번 과정에서 모닝빵
윗부분을 자를 때 높이를
조절하세요.

소시지꽃 김밥 도시락

> 김밥마다 소시지 꽃송이가 담겨 있는 도시락이에요.
> 가늘고 긴 모양인 두 가지 맛과 색깔의 소시지를 활용해
> 누구든 손쉽게 만들 수 있답니다.

감자 크래미볶음 37쪽

스마일 메추리알 31쪽

토마토 병정 31쪽

소시지꽃 김밥 만들기

1
배합초 재료를 고루 섞은 후 1/3 분량만 밥에 넣고 섞어요.

2
롱소시지는 체에 넣고 뜨거운 물을 부어 헹구면서 기름기를 제거해요.

3
김(2/3장)을 가로가 길게 놓고 롱소시지 5개를 올려요.

4
가운데에 천하장사 소시지를 올려 돌돌 말아 잠시 고정해둬요.

5
김발 위에 김을 가로가 길게 올리고 밥을 얇고 넓게 펼쳐요. ✱ 밥으로 김을 꽉 채우지 말고 위쪽을 일부 남겨 물이나 밥알을 발라 붙이면 김밥이 깔끔해요.

6
④를 가운데 올려 돌돌 말아 먹기 좋게 썰어요. ✱ 도시락에 상추를 깔고 담으면 핑크색 소시지꽃과 어우러져 예뻐요. 이때, 김밥 양은 조절해서 담아주세요.

재료

- 따뜻한 밥 130g(약 2/3공기)
- 롱소시지 5개
- 천하장사 소시지 2개
- 김밥 김 2/3장 + 1장

배합초(3회분)
- 식초 1큰술
- 설탕 1큰술
- 소금 1/4작은술
✱ 너무 적은 분량은 설탕이 잘 녹지 않으니 3회분을 만들어 활용해요.

도구

- 김발

배합초 미리 만들기

배합초는 잘 어울러지게 미리 섞어두면 좋아요.
소금, 설탕이 잘 녹지 않을 때는 전자레인지에 10초 가량 살짝 데우세요.

단무지꽃 김주먹밥 도시락

❝ 반찬으로만 먹던 노란 단무지가 주인공이 된
단무지꽃 김주먹밥이에요. 만드는 과정은 간단하지만
보고 먹는 즐거움에는 부족함 없는 도시락이랍니다. ❞

콘샐러드 37쪽

메추리알 장조림 34쪽

1

우엉조림, 당근은 잘게 다져요.

2

달군 팬에 식용유를 두르고
쇠고기와 다진 재료를 넣고
중간 불에서 3분간 볶아요.
밥과 소금을 넣고 밥알을 풀어가며
1분간 빠르게 볶아 한김 식혀요.

3

김을 열십자(+)로 4등분해 총 5장을
준비해요.

4

랩 위에 김 1장과 ②의 1/5 분량을
올려 동그랗게 뭉친 후 고정이 잘 되도록
5분 정도 두어요. 이 과정을 반복해
주먹밥 5개를 만들어요.

5

작은 꽃틀로 단무지를 찍어 단무지꽃
5개를 만들어요. 빨대로 치즈를 찍어
동그란 모양도 5개를 만들어
단무지꽃 위에 올려요.

6

주먹밥의 랩을 풀고 단무지꽃을
올려요. * 마요네즈 또는 구운
스파게티면을 꽂아 장식을 고정시키면
쉽게 떨어지지 않아 좋아요.

• 재료

- 밥 160g(약 4/5공기)
- 쇠고기 다짐육 30g
- 시판 김밥용 우엉조림 30g
- 당근 1/10개(20g)
- 소금 1/4작은술
- 식용유 1/2큰술
- 김밥 김 1장 + 1/4장
- 단무지 5조각(30g)
- 슬라이스치즈 약간

도구

- 작은 꽃틀
- 빨대

스팸꽃 주먹밥튀김 도시락

남녀노소 누구나 좋아하는 국민 반찬 '스팸'이 꽃이 되어 주먹밥 위에 피었어요. 고소하게 튀긴 주먹밥과 짭쪼름하게 입맛 당기는 스팸꽃으로 특별한 도시락을 즐겨보세요.

식빵롤 148쪽

달걀말이 36쪽

스팸꽃 주먹밥튀김 도시락

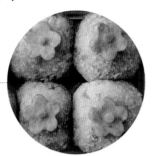

재료

스팸 주먹밥
- 밥 160g(약 4/5공기)
- 스팸 40g
- 씻은 김치 1/3컵(40g)
- 당근 1/10개(20g)
- 대파 7~10cm(굵기에 따라, 10g)
- 피자치즈 1/3컵(30g)
- 식용유 볶음용 1/2큰술
  + 튀김용 2컵(400㎖)

튀김옷
- 밀가루 2큰술
- 달걀 1개
- 빵가루 4큰술

스팸꽃
- 스팸 10g
- 당근 약간
- 마요네즈 약간

도구
- 작은 꽃틀
- 칼날볼(또는 빨대)

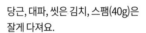
주먹밥튀김 만들기

1 당근, 대파, 씻은 김치, 스팸(40g)은 잘게 다져요.

2 달군 팬에 식용유(1/2큰술)를 두르고 ①의 다진 재료를 넣고 중간 불에서 3분간 볶아요.

3 밥을 넣고 밥알을 풀어가며 1분간 빠르게 볶아 한김 식혀요.

4 밥을 6등분으로 나누어 주먹밥을 만든 후 주먹밥 가운데 피자치즈를 넣어 다시 동그랗게 뭉쳐요.

5
그릇에 밀가루, 달걀물, 빵가루를 각각
담아 튀김옷을 준비해요.

6
④의 주먹밥에 밀가루 → 달걀물 →
빵가루 순으로 튀김옷을 입혀요.

7
깊은 팬에 식용유(2컵)를 붓고 180℃로
끓인 후 튀김옷을 입힌 주먹밥을 넣고
중간 불에서 3분간 노릇하게 튀겨
종이호일이나 체에 올려 기름기를 빼요.

8
스팸(10g)은 모양대로 0.5cm 두께로
얇게 썰어요.

9
스팸을 체에 넣고 뜨거운 물을 부어
헹구면서 기름기를 제거해요

10
스팸을 작은 꽃틀로 찍어 스팸꽃 6개를
만들어요.

11
당근을 얇게 썬 후 칼날볼이나 빨대로
찍어 동그란 모양 6개를 만들어요.

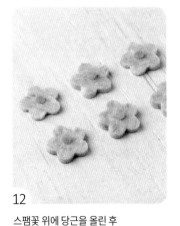

12
스팸꽃 위에 당근을 올린 후
주먹밥튀김을 장식해요.

＊마요네즈를 조금 묻혀 장식을
고정시키면 쉽게 떨어지지 않아 좋아요.

파프리카 달걀꽃
새우 볶음밥 도시락

새우 볶음밥 위에 파프리카 꽃이 활짝 피었습니다.
화사한 색의 파프리카로 도시락에 빨간 꽃을 피우면
'힘내! 오늘도 파이팅' 응원이 담긴 도시락이 완성됩니다.

새우 볶음밥 만들기

1
마늘종, 양파, 빨간 파프리카(1/10개),
생새우살은 잘게 다져요.
파프리카 달걀꽃에 쓸 빨간 파프리카는
모양을 살려 0.7cm 폭으로 잘라요.

2
달군 팬에 식용유(1/2큰술)를 두르고
①의 다진 재료를 넣어 중간 불에서
3분간 볶아요.

3
밥, 소금, 참치액을 넣고
밥알을 풀어가며 1분간 빠르게 볶아
한김 식혀요.

새우 볶음밥
- 밥 160g(약 4/5공기)
- 생새우살 5마리
- 마늘종 2~3줄기
- 양파 1/10개(20g)
- 빨간 파프리카 1/10개(20g)
- 소금 1/4작은술
- 참치액 1작은술
- 식용유 1/2큰술
＊ 채소는 집에 있는 자투리
  채소들을 활용해도 좋아요.

파프리카 달걀꽃
- 빨간 파프리카 1쪽
  (0.7cm 폭의 링 모양)
- 달걀 1개
- 오이 약간
- 식용유 약간

파프리카 달걀꽃 만들기

4
약한 불로 팬을 달군 후 식용유(약간)를
두르고 키친타월로 팬 전체에 기름을
고루 발라요. 잘라둔 파프리카를 올려요.

5
파프리카 안에 달걀을 넣고 약한 불에서
3분간 반숙으로 익혀요. 파프리카
밖으로 흘러 나온 흰자를 안으로
밀어넣어 깨끗이 정리하면서 익혀요.

6
도시락에 볶음밥을 담고 파프리카
달걀꽃을 올려요. 오이의 껍질 부분을
가늘고 길쭉하게 잘라 줄기를 장식해요.

해바라기 함박 도시락

❝ '응원할게, 사랑해, 힘내' 해바라기 꽃이 품은 예쁜 꽃말을 도시락에 담아보세요. 도시락을 여는 순간 마음에 사랑이 가득찰 거예요. ❞

쇠고기 오이볶음 32쪽

꽃밭 참치 볶음밥 도시락

❝ 화사한 당근 튤립과 귀여운 치즈 나비의 만남.
꽃밭을 닮은 고소한 참치 볶음밥으로 따뜻한 봄날의 나들이를
특별하게 즐겨보세요. ❞

잔멸치볶음 34쪽

달걀 꽃 소시지 30쪽

해바라기 함박 도시락

재료

채소 볶음밥
- 밥 160g(약 4/5공기)
- 당근 1/10개(20g)
- 양파 1/10개(20g)
- 애호박 1/7개(40g)
- 노란 파프리카 1/10개(20g)
- 소금 1/4작은술
- 식용유 1/2큰술
- ＊ 채소는 집에 있는 자투리
  채소들을 활용해도 좋아요.

해바라기 함박
- 함박 스테이크 1개
  (시판 제품 또는 33쪽 레시피 참고)
- 달걀 1개
- 마요네즈 약간
- 식용유 약간

도구
- 원형틀
- 물방울틀(또는 가위)
- 젓가락

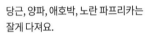

1 당근, 양파, 애호박, 노란 파프리카는 잘게 다져요.

2 달군 팬에 식용유(1/2큰술)를 두르고 ①의 다진 재료를 넣어 중간 불에서 3분간 볶아요.

3 밥, 소금을 넣고 밥알을 풀어가며 1분간 빠르게 볶아 한김 식혀요.

4 함박 스테이크는 원형틀로 잘라 포장지에 적혀 있는 방법에 따라 전자레인지나 팬에 익혀 준비해요.

5
볼에 달걀을 푼 후 체에 걸러요.

6
약한 불로 팬을 달군 후 식용유(약간)를
두르고 키친타월로 팬 전체에 기름을
닦아내듯이 고루 펴 발라요.

7
달걀물을 부어 펼친 후 2~3분간 익혀
넓은 그릇에 담아 한김 식혀요.

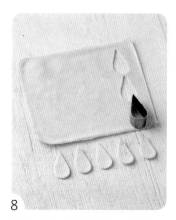

8
달걀 지단으로 물방울틀이나 가위를
활용해 11개의 꽃잎을 만들어요.
＊ 함박 스테이크 크기에 따라
꽃잎 개수를 조절하세요.

9
도시락에 볶음밥을 담고 그 위에 함박
스테이크를 올린 후 꽃잎을 둘러요.

10
젓가락으로 마요네즈를 찍어
함박 스테이크 위에 해바라기씨를
그려요.

꽃밭 참치 볶음밥 도시락

재료

참치 볶음밥
- 밥 160g(약 4/5공기)
- 참치 1/2캔(작은 캔, 50g)
- 양파 1/10개(20g)
- 당근 1/10개(20g)
- 브로콜리 1/6송이(50g)
- 소금 1/4작은술
- 식용유 1/2큰술

꽃밭
- 슬라이스치즈(주황색) 1장
- 슬라이스치즈(노란색) 약간
- 당근 약간
- 브로콜리 줄기 약간

도구
- 하트틀
- 원형틀
- 빨대
- 가위

참치 볶음밥 만들기

1

양파, 당근은 잘게 다지고
참치는 체에 밭쳐 기름을 빼요.

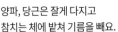

2

브로콜리(볶음밥용 송이 + 꽃밭용
줄기)는 끓는 물(물 2컵 + 소금
1/4작은술)에 넣고 30초간 데쳐요.
볶음밥용 송이 부분만 잘게 다지고,
장식용 줄기 부분은 그대로 둬요.

3

달군 팬에 식용유를 두르고 ①의 재료를
넣어 중간 불에서 3분간 볶아요.
밥, 다진 브로콜리, 소금을 넣고 1분간
볶아 한김 식혀 도시락에 담아요.

꽃밭 만들기

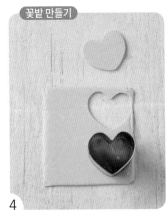

4

하트틀로 치즈(주황색)를 찍어
하트 모양 4개를 만들어요.

5 남은 가장자리를 길쭉하게
0.5cm 폭으로 잘라 준비해요.

6 치즈(노란색)를 빨대로 찍어
동그란 모양 6개를 만들어요.

7 참치 볶음밥 위에 하트 모양의
치즈 4개를 겹쳐 올려 나비 날개를
만들어요.

8 날개 위에 작은 동그라미 모양의
치즈를 올려요.

9 길쭉하게 잘라둔 치즈를 돌돌 말아
더듬이를 만들어 올려요.

10 당근은 얇게 썰어 원형틀로 찍어요.

11 당근의 윗부분을 가위로 잘라
튤립 모양을 만들어요.

12 데쳐 놓은 브로콜리 줄기를 잘라
튤립 줄기 모양 1개, 잎사귀 모양 2개를
만들어 ⑪과 함께 볶음밥에 올려요.

달걀말이꽃
김치 볶음밥 도시락

짭조름한 김치 볶음밥의 짝꿍 반찬인 달걀말이를 꽃으로 꾸며 올려보세요. 붉은색과 노란색이 어우러지면서 한 편의 그림 같은 도시락이 완성된답니다.

치즈꽃 소시지 달걀말이 도시락

오징어 볶음밥 위에 소시지와 치즈꽃을 품은 달걀말이가 하나, 둘, 셋, 넷! 주말 나들이나 아이들 도시락으로 이보다 더 인기 만점 메뉴는 없을 거예요.

달걀말이꽃
김치 볶음밥 도시락

재료

김치볶음밥
- 밥 160g(약 4/5공기)
- 김치 80g(약 1/2컵)
- 참치 1/2캔(작은 캔, 50g)
- 소금 약간
- 통깨 약간
- 식용유 1/2큰술

달걀말이꽃(1~2회분)
- 달걀 2개
- 우유 2큰술
- 설탕 1/2작은술
- 소금 약간
- 식용유 약간
- 라즈베리나 블루베리
  또는 방울토마토 1개

김치 볶음밥 만들기

1

김치는 잘게 다져요.

＊ 아이가 매운맛을 잘 먹지 못하면
물에 씻은 후 물기를 꽉 짠 후 다져요.

2

참치는 체에 밭쳐 뜨거운 물을 부어
기름기를 제거한 후 물기를 빼요.

3

달군 팬에 식용유(1/2큰술)를 두르고
김치와 참치를 넣어 중간 불에서 3분간
볶아요.

4

밥과 소금을 넣어 밥알을 풀어가며
1분간 빠르게 볶은 후 통깨를 뿌리고
한김 식혀요.

5
볼에 달걀을 푼 후 체에 걸러요.

6
약한 불로 사각팬을 달군 후
식용유(약간)를 두르고 키친타월로
팬 전체에 기름을 닦아내듯이
고루 펴 발라요.

7
달걀물 1/4 분량을 붓고 얇게 펼친 후
약한 불에서 1~2분간 80% 정도 익혀요.

8
돌돌 말아 한쪽으로 밀어두고
남은 달걀물의 1/3 분량을 붓고
얇게 펼쳐요.

9
돌돌 말린 달걀을 살짝 들어 달걀물이
사이에 들어가게 한 다음 1~2분간 더
익혀 다시 돌돌 말아요.

10
⑧, ⑨의 과정을 2회 더 반복해
탱글탱글한 달걀말이를 만들어요.

11
달걀말이를 식힌 후 먹기 좋은 크기로
썰어요.

12
도시락에 볶음밥을 담고 그 위에
달걀말이 5개를 둘러준 후
가운데 라즈베리나 블루베리,
또는 방울토마토를 올려요.

치즈꽃 소시지
달걀말이 도시락

재료

오징어 볶음밥
- 밥 160g(약 4/5공기)
- 손질 오징어살 30g
- 당근 1/10개(20g)
- 양파 1/10개(20g)
- 피망 1/5개(20g)
- 굴소스 1/3작은술
- 식용유 1/2큰술

치즈꽃 소시지 달걀말이(1~2회분)
- 달걀 2개
- 소금 약간
- 후랑크 소시지 1개
- 밀가루 약간
- 슬라이스치즈 약간
- 식용유 약간

도구
- 작은 꽃틀

오징어 볶음밥 만들기

1

당근, 양파, 피망, 오징어를
잘게 다져요.

2

달군 팬에 식용유(1/2큰술)를 두르고
다진 재료를 넣어 중간 불에서
3분간 볶아요. 밥, 굴소스를 넣고
밥알을 풀어가며 1분간 볶아 한김 식혀
도시락에 담아요.

치즈꽃 소시지 달걀말이 만들기

3

볼에 달걀과 소금을 넣고 풀어요.
소시지는 체에 담아 뜨거운 물을 부어
헹구면서 기름기를 제거해요.

4

달걀말이에 소시지가 잘 고정되도록
소시지에 밀가루를 얇게 발라요.

5

약한 불로 사각팬을 달군 후
식용유(약간)를 두르고 키친타월로
팬 전체에 기름을 닦아내듯이
고루 펴 발라요.

6

달걀물 1/3 분량을 넣고 펼친 후
약한 불에서 1~2분간 익혀요.

7

가장자리에 소시지를 올려 돌돌 말아
팬 한쪽으로 밀어둬요.

8

달걀물 1/2 분량을 넣고 펼쳐요.
달걀말이를 살짝 들어 달걀물이 사이에
들어가게 한 후 1~2분간 익혀 돌돌 말아요.
한번 더 반복해 달걀말이를 완성해요.

9

한김 식힌 후 먹기 좋게 잘라
볶음밥 위에 올려요.

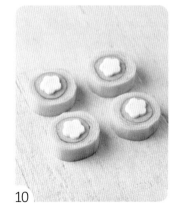

10

치즈를 작은 꽃틀로 찍어 소시지
달걀말이 위에 올린 후 볶음밥에 올려요.

＊ 마요네즈를 조금 묻혀 장식을
고정해주면 쉽게 떨어지지 않아 좋아요.

Part 3

'힘내! 언제나 네 편인 거 알지?', '세상에서 최고로 사랑해', '넌 우주에서 가장 빛나는 사람이야'
부끄러워 전하지 못한 마음 속 고백과 응원을 도시락에 담아 전할 수 있도록
'리본, 별, 하트, 웃음'이 담긴 도시락을 소개합니다. 우리의 고백이 달콤하고 맛있어지는 마법을 놓치지 마세요.

리본
하트 별
웃음
도시락

왕리본햄 감자전 도시락

❝❝ 모두의 인기 메뉴인 감자전 위에 리본 모양의 햄을
올려서 더욱 특별한 간식 도시락을 만들었어요.
왕리본햄은 만들기 간단하니 다른 도시락에도 활용하세요. ❞❞

감자전 만들기

1
감자는 0.3 cm 두께로 가늘게 채 썰어
찬물에 헹궈 전분기를 씻어낸 후
체에 밭쳐 물기를 빼요.

2
볼에 밀가루, 물, 소금을 섞어
반죽을 만든 후 채 썬 감자를 넣어
섞어요.

3
달군 팬에 식용유를 두르고
반죽 1/2 분량을 펼친 후 약한 불에서
4~5분, 뒤집어서 2~3분 동안 노릇하게
구워 한김 식혀 도시락에 담아요.

왕리본햄 만들기

4
풋고추는 가운데 부분을 송송 썰어
2개의 링을 만들고 씨는 제거해요.
샌드위치햄은 체에 넣고 뜨거운 물을
부어 헹구면서 기름기를 제거해요.

5
샌드위치햄이 부채 모양이 되도록
3단으로 접은 후 풋고추 링을 끼워
모양을 고정해요. 같은 방법으로
2개를 만들어요.

6
리본 모양을 감자전에 올려요.
＊ 그냥 먹어도 맛있고, 토마토케첩을 찍어
먹어도 잘 어울려요.

재료

감자전(1~2회분)
• 감자 1개(200g)
• 밀가루 6큰술
• 물 6큰술
• 소금 1/4작은술
• 식용유 2큰술

왕리본햄
• 샌드위치햄 2장(생식용, 또는 생햄)
• 풋고추 약간(또는 오이고추)

꽁지 tip
우리 아이, 매운맛이 부담된다면?
풋고추나 오이고추 대신
오이나 파프리카를 잘라
고리 모양을 만들어 활용해요.

리본 달걀
미트소스 덮밥 도시락

❝ 깊은 풍미의 미트소스 덮밥 위에 화사한 노란색의 리본 달걀을 올리면 레스토랑 부럽지 않은 우아한 느낌의 도시락이 완성됩니다. ❞

치즈 김말이 27쪽

리본 달걀
미트소스 덮밥 도시락

재료

- 밥 160g(약 4/5공기)

미트소스
- 쇠고기 다짐육 50g
- 돼지고기 다짐육 50g
- 베이컨 긴 것 1장(20g)
- 당근 1/10개(20g)
- 양파 1/10개(20g)
- 다진 마늘 1큰술
- 토마토소스 1/2컵
  (파스타용, 100㎖)
- 올리브유 1큰술

리본 달걀
- 달걀 1개
- 소금 약간
- 식용유 약간
- 샌드위치햄 1장(생식용)
- 구운 스파게티면 약간(25쪽)
- 마요네즈 약간

도구

- 칼날볼(또는 빨대)
- 가위

미트소스 만들기

1
당근, 양파, 베이컨은 잘게 다져요.

2
달군 팬에 올리브유를 두르고
다진 당근, 양파, 마늘, 베이컨을 넣고
약한 불에서 1분간 볶아요.

3
쇠고기와 돼지고기를 넣고
중간 불에서 3분간 볶아요.

4
토마토소스를 넣고 약한 불에서
2~3분간 끓이면서 졸여요.

5
볼에 달걀과 소금을 넣고 풀어요.

6
약한 불에 사각팬을 달군 후
식용유를 두르고 키친타월로 팬 전체에
기름을 닦아내듯이 고루 펴 발라요.

7
달걀물을 부어 펼친 후 2~3분간 익혀
넓은 그릇에 담아 한김 식혀요.

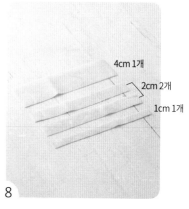

4cm 1개
2cm 2개
1cm 1개

8
달걀 지단을 폭 4cm 1개(리본용),
폭 2cm 2개(끈용), 폭 1cm 1개(리본
묶음용)로 잘라 준비해요.

9
칼날볼 또는 빨대로 슬라이스햄을 찍어
작은 동그라미를 넉넉하게 만들어요.

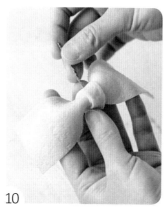

10
4cm 지단 가운데를 1cm 지단으로
둘러준 후 구운 스파게티를 꽂아
고정해요.

11
2cm 지단은 사진처럼 끝을 잘라
리본 꼬리 모양으로 만들어요.

12
도시락에 밥, 미트소스를 반씩 나눠
담고 리본 달걀을 올린 후 동그라미 햄에
마요네즈를 살짝 묻혀 곳곳에 붙여요.

하트 맛살 도시락

❝ 가장 달콤하게 사랑을 전하는 방법을 알려드릴게요.
빨간 맛살 하트 안에 고소한 달걀을 채워 도시락에 담아보세요.
도시락을 여는 순간 그 마음이 고스란히 전달될 거예요. ❞

1
대파는 어슷 썰아요. 당근, 맛살, 어묵은
잘게 다져요.

2
달군 팬에 식용유(1/2큰술)를 두르고
대파를 넣어 중간 불에서 30초간 볶아요.
당근, 맛살, 어묵을 넣고 2분간 볶은 후
밥, 간장을 넣고 1분간 빠르게 볶아요.
한김 식혀 도시락에 담아요.

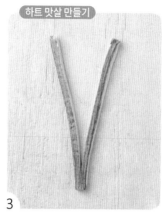

3
맛살 한쪽 끝을 2.5cm 정도 남기고
나머지 부분은 길게 2등분해요.

재료

맛살 볶음밥
- 밥 160g(약 4/5공기)
- 대파 10cm
- 당근 1/10개(20g)
- 맛살 긴 것 1개
- 어묵 30g
- 양조간장 1작은술
- 식용유 1/2큰술

하트 맛살
- 맛살 긴 것 1개
- 달걀 1개
- 식용유 1/2큰술

4
맛살을 벌려 하트 모양을 만든 후
아래 부분을 이쑤시개로 고정해요.

5
약한 불에 팬을 달군 후
식용유(1/2큰술)를 두르고 키친타월로
팬 전체에 기름을 고루 펴 발라요.

6
팬에 맛살을 올린 후 가운데에 달걀을
넣고 약한 불에서 3분간 반숙으로 익힌 후
볶음밥 위에 올려요.

쇠고기 별 덮밥 도시락

❝❝ You are my star! 고슬고슬 쇠고기 소보로덮밥으로 응원의 메시지를 보내는 건 어떨까요? 받는 이에게 반짝이는 별보다 더 깊은 감동을 줄 거예요. **❞❞**

별이불 콩나물밥 도시락

담백하고 아삭한 맛에다 앙증맞은 디자인까지 더해져
남녀노소 누구나 환호할 근사한 도시락이 완성되었어요.
색색깔의 과일을 곁들여 알록달록하게 꾸며보세요.

쇠고기 별 덮밥 도시락

재료

- 밥 160g(약 4/5공기)
- 쇠고기 다짐육 100g
- 달걀 1개
- 우유 1큰술
- 소금 약간
- 조미 김가루 약 1/4컵(10g)
- 참기름 1/2작은술
- 식용유 1/3큰술 + 약간

쇠고기 양념

- 맛간장 1과 1/3작은술
  (18쪽, 기호에 따라 가감)
- 맛술 1/2작은술
- 올리고당 1작은술
- 다진 마늘 1/2작은술
- 소금 약간
- 후춧가루 약간

도구

- 큰 별틀

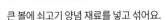

1 큰 볼에 쇠고기 양념 재료를 넣고 섞어요.

2 다진 쇠고기는 키친타월로 감싸 눌러서 핏물을 제거한 후 ①의 볼에 넣고 버무려 재워요.

3 볼에 달걀을 푼 후 우유, 소금을 넣고 섞어요.

4 약한 불로 달군 팬에 식용유(약간)를 두르고 달걀물을 부어 30초간 저어가며 스크램블 에그를 완성해요.

5
팬을 닦아낸 후 식용유(1/3큰술)를
두르고 양념한 쇠고기를 넣어
중간 불에서 3분간 볶아요.

6
도시락에 밥을 담고 조미 김가루를 펼쳐
올려요.

7
그 위에 참기름을 한바퀴 둘러요.

8
가운데 큰 별틀을 올려요.

9
틀 가장자리에 볶은 쇠고기를 뿌리듯
올려요.

10
틀 안쪽에 스크램블 에그를 올린 후
별틀을 꺼내요.

별이불 콩나물밥 도시락

재료

- 밥 160g(약 4/5공기)
- 콩나물 1줌(50g)
- 대파 푸른 부분 2cm
  (또는 쪽파 푸른 부분 1/2줄기)
- 김 2장
- 달걀 1개
- 식용유 1/2큰술

김 양념

- 물 2작은술
- 양조간장 1작은술
- 맛술 1/2작은술
- 올리고당 1작은술
- 참기름 약간
- 통깨 약간

밥 양념

- 소금 1/3작은술
- 참기름 약간

도구

- 별틀
- 가위

콩콩 tip

우리 아이, 매운맛이 부담된다면?
대파나 쪽파 대신 향이 없고
부드러운 어린잎채소나 쌈채소를
잘게 썰어 넣어도 괜찮아요.

1
끓는 물(물 3컵 + 소금 1/3작은술)에
콩나물을 넣고 뚜껑을 연 채 4~5분간
데쳐요.

2
체에 밭쳐 한김 식힌 후 잘게 다져요.

3
대파는 잘게 썰어요.

4
큰 볼에 김 양념 재료를 넣고 섞어요.

5

달군 팬에 기름을 두르지 않고 김만 올려 센 불에서 앞뒤로 5초씩 구워요.

6

위생팩에 김을 넣고 잘게 부숴요.

7

④의 볼에 대파, 김을 넣고 버무려요.

8

다른 큰 볼에 밥, 다진 콩나물, 밥 양념을 섞어 도시락에 담은 후 ⑦로 덮어요.

별이불 만들기

9

약한 불에 사각팬을 달군 후 식용유를 두르고 키친타월로 팬 전체에 기름을 닦아내듯이 고루 펴 발라요.

10

달걀을 곱게 풀어요. 팬에 부어 펼친 후 약한 불에서 2~3분간 익혀요. 넓은 그릇에 담아 식혀요.

11

지단을 도시락통 모양에 맞춰 잘라요.

12

별틀로 찍어 군데군데 별구멍을 낸 후 ⑧ 위에 올려요. 잘라낸 별들도 완성사진을 참고해 장식에 활용해요.

달걀별
채소 주먹밥 도시락

❝ 한입에 먹기 좋은 간편한 도시락을 준비하고 싶다면 이 도시락을 추천해요. 게임 속 귀여운 아이템을 닮은 주먹밥이 즐거운 식사 시간을 선물해줄 거예요. ❞

치즈 토마토 아코디언 31쪽

레이스 치즈별
참치 주먹밥 도시락

❝ 재료도 없고 시간도 부족하다면, 참치 주먹밥에
김과 치즈로 간단하게 장식하는 이 도시락을 만들면 돼요.
레시피는 초간단하지만, 맛은 특별하답니다. ❞

김치볶음 35쪽

토마토 병정 31쪽

메추리알 장조림 34쪽

달걀별
채소 주먹밥 도시락

재료

채소 주먹밥
- 밥 160g(약 4/5공기)
- 당근 1/10개(20g)
- 양파 1/8개(25g)
- 애호박 1/9개(30g)
- 햄 30g
- 소금 1/4작은술 + 약간
- 식용유 1/2큰술

달걀별
- 달걀 2개
- 소금 약간
- 식용유 약간

도구
- 작은 별틀

채소 주먹밥 만들기

1
당근, 양파, 애호박, 햄은 잘게 다져요.

2
달군 팬에 식용유(1/2큰술)를 두른 후 다진 재료와 소금(1/4작은술)을 넣고 중약 불에서 3분 30초간 볶아요.

3
큰 볼에 밥, ②의 재료, 소금(약간)을 넣고 잘 섞은 후 타원 모양으로 뭉쳐 주먹밥을 6개 만들어요.

달걀별 만들기

4
달걀은 흰자, 노른자를 분리해 볼에 담아 각각 소금(약간)을 넣고 곱게 풀어요.

5
약한 불에 사각팬을 달군 후
식용유(약간)를 두르고 키친타월로
팬 전체에 기름을 닦아내듯이
고루 펴 발라요.

6
달걀 흰자를 붓고 약한 불에서 2~3분간
지단을 부쳐요. 이어 노른자도 같은
방식으로 지단을 부쳐요.

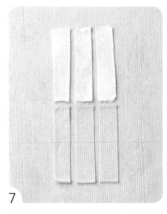

7
흰자, 노른자 지단을 각각 2.5cm 폭으로
잘라 6개를 준비해요.
＊ 남은 지단은 ⑨번 과정에서 장식에
활용해요.

8
흰자, 노른자 지단 위에 뭉친 주먹밥을
올려 말아요. 이때 지단의 끝부분이
풀리지 않게 주먹밥 아래쪽으로 가도록
해요.

9
남은 지단을 작은 별틀로 찍어 작은 별을
만든 후 색깔이 엇갈리게 교차해 올려요.
＊ 마요네즈를 조금 묻혀 장식을
고정시키면 쉽게 떨어지지 않아 좋아요.

레이스 치즈별
참치 주먹밥 도시락

재료

참치 주먹밥
- 밥 160g(약 4/5공기)
- 참치 1/2캔(작은 캔, 50g)
- 조미 김가루 약 1/4컵(10g)
- 마요네즈 1/2큰술

레이스 치즈별
- 김 1/2장
- 슬라이스치즈(노란색) 1장
- 슬라이스치즈(주황색) 1장

도구
- 사각 쿠키틀
- 작은 별틀

참치 주먹밥 만들기

1
참치는 체에 넣고 뜨거운 물을 부어 기름기를 제거한 후 물기를 빼요.

2
큰 볼에 밥, 참치, 조미 김가루, 마요네즈를 넣고 골고루 섞어요.

3
타원 모양으로 뭉쳐 주먹밥 6개를 만들어요.

레이스 치즈별 만들기

4
김은 2cm 폭으로 길게 잘라 6개를 준비해요.

5 치즈(노란색)는 6등분해요.

6 사각 쿠키틀로 치즈 가장자리를
레이스 모양이 되게 잘라요.

7 김에 주먹밥을 올려 말아요.

8 그 위에 치즈를 올려 한 번 더 말아요.

9 치즈(주황색)를 작은 별틀로 찍어
작은 별을 만들어 주먹밥에 올려요.
＊마요네즈를 조금 묻혀 장식을
고정시키면 쉽게 떨어지지 않아 좋아요.

치즈 별구름 돈가스 도시락

정성이 가득 담긴 수제 돈가스와 소스만으로도 특별한
도시락이에요. 돈가스 위에 아기자기한 치즈 별구름까지
더해지면 스페셜하고 사랑스러운 도시락이 된답니다.

치즈 별구름 돈가스 도시락

재료

- 밥 160g(약 4/5공기)

돈가스
- 돈가스용 돼지고기 1장(100g)
- 맛술 1/2작은술
- 소금 약간
- 후춧가루 약간
- 밀가루 1큰술
- 달걀 1개
- 빵가루 2큰술
- 식용유 2컵(튀김용, 400㎖)

돈가스소스
- 버터 1큰술
- 밀가루 1큰술
- 토마토케첩 1큰술
- 굴소스 1큰술
- 양조간장 1/2큰술
- 올리고당 1/2큰술
- 물 1/2컵(100㎖)
- 우유 1/4컵(50㎖)

치즈 별구름
- 슬라이스치즈(노란색) 1장
- 슬라이스치즈(주황색) 1장
- 김 약간
- 토마토케첩 약간

도구
- 별틀(큰 것, 작은 것)
- 김펀치
- 커터기(또는 칼이나 이쑤시개)
- 젓가락

1

돈가스용 돼지고기는 포크로
군데군데 찔러 연육시켜요.

2

돼지고기에 맛술, 소금, 후춧가루를 뿌려
밑간해요.

3

볼에 달걀을 풀어요.
돼지고기에 밀가루 → 달걀물 →
빵가루 순으로 튀김옷을 입혀요.

4

냄비에 식용유를 붓고 160℃로
끓인 후 ③을 넣고 중약 불에서 5~7분간
노릇하게 튀겨요. 망이나 종이호일에
올려 기름기를 빼요.

5
소스용 작은 팬을 중약 불로 달궈
버터를 녹인 후 밀가루를 넣어
뭉치지 않게 잘 섞으며 볶아요.

6
우유를 제외한 나머지 소스 재료를
모두 넣고 3분간 끓인 후 마지막에
우유를 넣고 농도가 날 때까지 졸여요.

7
치즈(노란색)를 큰 별틀로 찍어요.

8
⑦보다 작은 별틀로 치즈(주황색)를
찍어 ⑦에 올려요.

9
치즈(주황색)를 커터기(또는 칼이나
이쑤시개)로 잘라 구름, 별꼬리 모양을
만들어요.

10
김펀치를 활용해 김으로 눈과 입을
만들어 치즈 별구름에 붙여요.
＊ 카이 김펀치(15쪽)를 활용했어요.

11
젓가락으로 케첩을 찍어 볼터치를
완성해요.

12
도시락에 밥을 담고 돈가스를 올린 후
치즈 별구름으로 장식해요.
＊ 돈가스를 한입 크기로 잘라 담으면
먹기 편해 좋아요.
＊ 밥에 파슬리가루를 뿌려도 예뻐요.

별 치즈 감자볼 도시락

재료

- 삶은 감자 1개(200g)
- 삶은 달걀 1개(삶는 법 85쪽)
- 오이 1/10개(20g)
- 사과 1/4개
- 슬라이스햄 1장(생식용)
- 맛살 흰 부분 2개
- 마요네즈 1작은술
- 허니 머스터드 1작은술

별 치즈
- 맛살 빨간 부분 2개 + 1/2개
- 슬라이스치즈 5장
- 슬라이스햄 1장(생식용)

도구
- 작은 별틀

감자 샐러드 만들기

1

오이, 사과, 슬라이스햄(1장)은 잘게 다져요. 맛살은 빨간 부분, 흰 부분을 분리해 흰 부분만 다져요.

2

볼에 삶은 감자와 달걀을 넣고 매셔나 포크로 으깬 후 ①의 다진 재료, 마요네즈, 허니 머스터드를 넣고 섞어요.

별 치즈 장식하기

3

맛살 빨간 부분은 길이대로 4등분해요. 슬라이스햄은 작은 별틀로 찍어 작은 별을 5개 만들어요.

4

랩을 펼친 후 맛살을 더하기(+) 모양으로 올린 후 그 위에 치즈 한 장을 올려요.

5

②의 감자 샐러드 1/5 분량을 동그랗게 뭉쳐 올린 후 랩으로 감싸 모양을 잡아요.

6

랩을 벗긴 후 가운데 별모양 햄을 올려요. 같은 방법으로 감자볼 5개를 만들어요.

＊ 마요네즈를 조금 묻혀 장식을 고정시키면 쉽게 떨어지지 않아 좋아요.

스마일 무스비 도시락

하와이가 떠오르는 무스비 김밥에 앙증맞은 표정을 더해 무조건 인증샷을 남기게 되는 도시락입니다. 스마일 무스비가 먹는 이의 눈길은 물론, 마음까지 사로잡을 거예요.

잔멸치볶음 34쪽

크래미 달걀말이 김밥 도시락

❝ 뚜껑을 여는 순간, 미소 짓게 하는 마법 같은 매력의 도시락이에요. 수줍은 듯 귀여운 표정의 김밥으로 유쾌한 웃음을 선물하세요. ❞

새우 캐슈넛볶음 35쪽

스마일 무스비 도시락

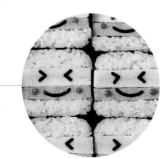

재료

- 따뜻한 밥 160g(약 4/5공기)
- 스팸 슬라이스 2개
- 달걀 2개
- 김밥 김 1장 + 약간
- 토마토케첩 약간
- 식용유 약간

밥 양념
- 소금 약간
- 참기름 약간
- 통깨 약간

도구

- 스팸 커터기(또는 칼)
- 무스비틀(또는 스팸캔)
- 김펀치
- 젓가락

무스비 만들기

1
스팸 커터기를 활용해 스팸을
길이대로 잘라요. 스팸 커터기가 없다면
칼로 0.5~0.7cm 두께로 썰어요.

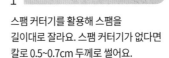

2
볼에 달걀을 푼 후 체에 걸러요.

3
밥에 밥 양념을 넣고 섞어요.

4
약한 불에 사각팬을 달군 후
식용유를 두르고 키친타월로 팬 전체에
기름을 닦아내듯이 고루 펴 발라요.

5

달걀물을 부어 펼친 후 2분간 윗면의 70% 정도를 익혀요. 반으로 접어 1분간 더 익힌 후 꺼내요.

6

스팸을 넣고 앞뒤로 각각 1분씩 구워요.

7

달걀은 무스비틀(또는 스팸캔) 크기에 맞게 잘라요.

8

김은 2등분해요. 김 1/2장 위에 무스비틀을 올리고 밥 1/4 분량(40g), 스팸, 달걀, 밥 1/4 분량(40g) 순서로 쌓아 올려요. ＊ 스팸캔으로 만들 때는 랩을 깔고 담아야 잘 빼낼 수 있어요.

9

틀을 빼고 김으로 네모낳게 말아요. 이 과정을 한 번 더 반복해 2개의 무스비를 만들어요.

10

완성된 무스비를 먹기 좋은 크기로 잘라요.

얼굴 장식하기

11

김펀치를 활용해 김으로 눈, 입을 만들어 올려요.

＊ 카이 김펀치(15쪽)를 활용했어요.

12

젓가락으로 케첩을 찍어 볼터치를 완성해요.

크래미 달걀말이 김밥 도시락

재료

- 따뜻한 밥 160g(약 4/5공기)
- 달걀 2개
- 크래미 흰 부분 2개
- 소금 약간
- 김밥 김 1장 + 약간
- 토마토케첩 약간
- 식용유 약간

밥 양념

- 소금 약간
- 참기름 약간

도구

- 김발
- 김펀치
- 젓가락

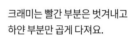
크래미 달걀말이 김밥 만들기

1
크래미는 빨간 부분은 벗겨내고
하얀 부분만 곱게 다져요.

달걀은 흰자, 노른자를 분리해 각각
볼에 담아요. 흰자에는 ①을 넣고
섞어요. 노른자에는 소금을 넣고 섞어요.

2

3
밥에 밥 양념을 넣고 섞어요.

4
약한 불에 사각팬을 달군 후 식용유를
두르고 키친타월로 팬 전체에 기름을
닦아내듯이 고루 펴 발라요.

5

크래미를 넣은 흰자를 팬에 부어 펼쳐 2분간 익힌 후 돌돌 말아 팬 한쪽으로 밀어둬요.

6

팬에 노른자를 부어 펼쳐 1분간 익힌 후 흰자 말아 놓은 것으로 다시 돌돌 말아요.

7

김발 위에 김을 올리고 밥을 얇고 넓게 펼친 후 ⑥을 가운데 올려 돌돌 말아 먹기 좋게 썰어요.

얼굴 장식하기

8

김펀치를 활용해 김으로 눈, 입을 만들어 붙여요.

＊ 스마일 미니 김펀치(15쪽)를 활용했어요.

9

젓가락으로 케첩을 찍어 볼터치를 완성해요.

Part 4

도시락 뚜껑을 열기만 해도 웃음이 터져 나오는 위트 넘치는 도시락과
기념일을 더욱 특별하게 만들어주는 도시락을 소개합니다.
달콤한 불고기로 만드는 소시지 빼빼로와 아이스크림인 척 도시락에 누워 있는 주먹밥이라니!
때론 도시락 하나가 영화 한 편보다 더 재밌는 반전과 오래 기억되는 즐거움을 전해주기도 한답니다.

재밌는
모양
특별한 날
도시락

파스텔 삼각주먹밥 도시락

> 층층이 다른 색으로 채워진 상큼발랄 주먹밥이에요.
> 재밌는 모양, 담백한 맛이라서 간간한 반찬을 곁들이면
> 무엇이든 잘 어울린답니다.

연근 카레구이 38쪽

두부강정 36쪽

재밌는 모양·특별한 날 도시락

파스텔 삼각주먹밥 만들기

1

밥은 반으로 나눠 각각 볼에 담아요.

2

한쪽에는 색가루 분홍색,
다른 쪽에는 색가루 노란색을 넣어
골고루 섞어요.

3

삼각주먹밥틀에 분홍밥(40g),
노란밥(30g), 분홍밥(20g),
노란밥(10g)을 순서대로 눌러 담아
삼각형 모양으로 만들어요.

4

같은 방법으로 하나 더 만들어요.
이때는 노란밥(40g), 분홍밥(30g),
노란밥(20g), 분홍밥(10g) 순으로 담아요.
도시락에 엇갈리게 담고 반찬컵(16쪽)에
반찬을 담아 빈 공간에 넣어요.

재료

- 밥 200g(1공기)
- 색가루 분홍색 1봉
  (데코후리, 19쪽)
- 색가루 노란색 1봉
  (데코후리, 19쪽)

도구

- 삼각주먹밥틀

더블치즈 고구마볼 도시락

❝ 달콤한 고구마, 담백한 달걀, 고소한 치즈가 절묘하게
어우러진 간식 도시락이에요. 맛과 영양 균형을 위해
상큼한 채소나 과일을 함께 넣어주세요. ❞

더블치즈 고구마볼 만들기

재료

- 삶은 고구마 약 2/3개(150g)
- 삶은 달걀 1개(삶는 법 85쪽)
- 견과류 2큰술(20g)
- 우유 1큰술(15g)
- 소금 약간
- 슬라이스치즈(노란색) 1과 1/2장
- 슬라이스치즈(주황색) 1과 1/2장

1
견과류는 잘게 다져요.

2
볼에 삶은 고구마, 달걀을 넣고 곱게
으깨요.

3
②에 다진 견과와 우유, 소금을 넣어
잘 섞어요. * 우유 양은 농도에 따라
조절하세요.

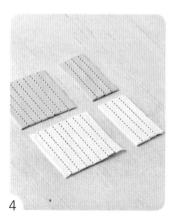

4
두 색깔의 치즈는 각각 1장은 8등분,
1/2장은 4등분해서 12개의 긴 네모를
만들어요.

5
랩 위에 치즈(주황색), 치즈(노란색)
순으로 나란히 6개를 올려요.

6
③의 1/4 분량을 올려 랩으로 감싸
동그랗게 모양을 잡아요. 같은 방법으로
4개를 만들어요. * 모양을 잘 유지하고
싶다면 랩을 씌운 채 도시락에 담아요.

뱅글뱅글 식빵롤 도시락

예쁜 막대 사탕을 닮은 햄 치즈 식빵롤.
간단한 식사 도시락은 물론 에너지 충전을 돕는
간식 도시락으로도 좋답니다.

재밌는 모양·특별한 날 도시락

1 식빵을 밀대로 밀어 얇게 만들어요.

2 식빵 가장자리는 잘라 정리해요.

3 식빵 위에 치즈, 햄 순서로 올려요. 이때 식빵 위쪽 공간에 여유분을 충분히 둬요.

4 돌돌 말아 랩으로 단단히 감싸 잠시 고정해둬요. 같은 방법으로 2개를 만들어요.

5 랩을 벗겨 먹기 좋은 크기로 잘라요.

6 말린 끝부분 쪽으로 나무꼬치에 꽂아요.

재료

- 식빵 2장(우유식빵이나 쌀식빵)
- 슬라이스치즈 2장
  (상온에 두어 부드러워진 것)
- 샌드위치햄 2장(생식용)

도구

- 밀대
- 긴 나무꼬치

콩콩 tip

식빵롤 예쁘게 만드는 4가지 포인트

① 식빵은 통밀식빵보다 우유식빵이나 쌀식빵을 써야 부드러워서 잘 말려요.
② 치즈는 상온에 두어 부드러워진 것을 써야 돌돌 말 때 치즈가 끊어지지 않고, 재료들을 잘 연결해줘요.
③ 식빵 위에 치즈, 햄을 올릴 때 아래쪽으로 조금 내려 말면 재료들이 말려 위로 올라가는 것을 방지할 수 있어요.
④ 말린 끝부분이 아래로 가도록 꼬치에 꽂으면 풀리지 않고 모양이 잘 유지돼요.

소시지 폭탄 주먹밥 도시락

만들기 쉬운데 만족도는 높은, 가성비 참 좋은 도시락이에요. 비엔나 소시지와 치즈로 만든 폭탄 주먹밥을 입안 가득 넣으면 입맛이 확 살아나지요.

토마토 병정 31쪽

토마토 달걀볶음 37쪽

콩자반 35쪽

김치볶음 35쪽

소시지 폭탄 주먹밥 만들기

1 소시지는 끓는 물에 넣어 30초간 데친 후
길이대로 끝부분이 잘리지 않게
칼집을 내요.

2 치즈는 6등분해요.

3 김밥 김은 1cm 폭으로 길게 잘라
6개를 준비해요.

4 볼에 밥과 밥 양념을 넣어 섞은 후
동그랗게 뭉쳐 주먹밥을 6개 만들어요.

5 밥 위에 치즈를 올려요.

6 소시지를 펼쳐 올린 후 김으로 말아요.
김 끝에 물을 살짝 묻혀 고정시키면
단단하게 모양이 유지돼요.

· 재료

- 밥 160g(약 4/5공기)
- 비엔나 소시지 6개
- 슬라이스치즈 1장
- 김 1/2장

밥 양념
- 소금 1/4작은술
- 참기름 1작은술
- 통깨 1작은술

아이스크림바 주먹밥 도시락

단무지무침 38쪽

진미채볶음 34쪽

빼빼로 불고기 소시지와 해초 볶음밥 도시락

❝ 달콤한 양념의 쇠고기와 탱글탱글 고소한 소시지로 만든 특별한 빼빼로로 11월 11일을 기념해보는 건 어떨까요? 받는 이에게 달콤 든든한 식사를 선물하세요. ❞

아이스크림바 주먹밥 도시락

재료

- 밥 160g(약 4/5공기)
- 스팸 슬라이스 1개
  (0.7cm 두께로 썬 것)
- 김 1/4장
- 슬라이스치즈(노란색) 약간
- 슬라이스치즈 (주황색) 약간

도구

- 가위
- 이쑤시개
- 빨대
- 김펀치
- 아이스크림 막대

1

스팸은 체에 넣고 뜨거운 물을 부어
헹구면서 기름기를 제거해요.

2

김은 가위로 초콜릿이 흘러내리는
느낌이 나게 잘라요.

3

치즈(노란색)는 이쑤시개로
치즈가 흘러내리는 느낌이 나게 잘라
스팸 위에 올려요.

4

치즈(주황색)는 빨대로, 김은 김펀치로
찍어 작은 동그라미를 넉넉히 만들어
치즈 위에 올려요.

＊카이 김펀치(15쪽)를 활용했어요.

5

랩 위에 ②의 김, 밥(90g)을 올린 후
랩으로 감싸 길고 둥글게 뭉쳐
아이스크림바 모양을 만들어요.

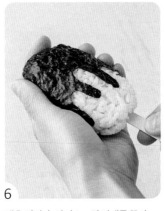

6

랩을 벗긴 후 아이스크림 막대를 꽂아
초콜릿 컬러의 아이스크림바 주먹밥을
완성해요. ④에서 찍어둔
치즈 동그라미를 올려 장식해요.

7

랩 위에 밥(70g)을 올린 후 랩으로 감싸
길고 둥글게 뭉쳐 아이스크림바 모양을
만들어요.

8

랩을 벗긴 후 밥 위에 ④를 올리고
아이스크림 막대를 꽂아요.

9

아이스크림바 주먹밥을 도시락에
담아요.

빼빼로 불고기 소시지와
해초 볶음밥 도시락

재료

해초 볶음밥
- 밥 160g(약 4/5공기)
- 돼지고기 다짐육 50g
- 마른 톳 3g(19쪽)
- 어묵 25g
- 당근 1/5개(40g)
- 소금 약간(고기 밑간용)
- 후춧가루 약간(고기 밑간용)
- 식용유 1/2큰술

볶음밥 양념
- 양조간장 1과 1/2작은술
- 참치액 1/2작은술
- 올리고당 1/2작은술
- 청주 1큰술

빼빼로 불고기 소시지(1~2인분)
- 후랑크 소시지 2개
- 쇠고기 불고기용 70g
- 슬라이스치즈 1/2장
- 김 약간
- 잣가루 약간

불고기 양념
- 맛간장 2큰술(18쪽)
- 맛술 1/2큰술
- 물 2큰술
- 올리고당 1큰술
- 참기름 1/2큰술

도구
- 하트틀
- 김펀치

1 돼지고기에 소금, 후춧가루를 넣어 밑간해요.

2 마른 톳에 물(1/2컵)을 부어 2~3분간 불린 후 체에 밭쳐 헹구고 물기를 빼요.

3 어묵, 당근은 잘게 다져요.

4 2개의 볼에 각각 볶음밥 양념과 불고기 양념의 재료들을 섞어 준비해요.

5

소시지의 2/3 지점까지 쇠고기를
돌돌 말아요. 같은 방법으로 2개를
만들어요.

해초 볶음밥 만들기

6

달군 팬에 식용유를 두르고
돼지고기, 불린 톳, 다진 어묵과 당근을
넣고 중간 불에서 3분간 볶아요.

7

④에서 준비한 볶음밥 양념을 넣고
1분간 볶은 후 밥을 넣고 밥알을
풀어가며 1분간 빠르게 볶아요.
한김 식혀 도시락에 담아요.

빼빼로 불고기 소시지 만들기

8

깨끗한 팬을 준비해 달군 후
⑤를 올려요. ④에서 준비한 불고기
양념을 붓고 약한 불에서 돌려가며
3~4분간 졸이듯 구워요.

9

치즈를 하트틀로 찍어
하트 모양 2개를 준비해요.

10

김펀치를 활용해 김으로 눈, 입을
만들어 치즈 위에 붙여요.
＊카이 김펀치(15쪽)를 활용했어요.

11

구운 불고기 소시지 한 개에는 잣가루를
뿌리고, 다른 한 개에는 ⑩의 치즈를
붙인 후 볶음밥 위에 올려요.

157

크리스마스 산타와 루돌프 주먹밥 도시락

66 눈길을 사로잡는 귀여운 산타와 루돌프 주먹밥.
손재주가 없다고 걱정하지 마세요. 레시피대로만 따라 하면
뚝딱 만들 수 있으니까요. 99

달걀찜 36쪽

눈사람 코코넛커리 도시락

❝ 겨울 최고 인기 메뉴. 커리에 코코넛밀크를 넣어 맛은 더 부드럽고, 핑크 목도리를 두른 눈사람이 올라가있어 눈은 더 즐거운 도시락이랍니다. ❞

단무지무침 38쪽

크리스마스 산타와
루돌프 주먹밥 도시락

재료

- 흰 밥 80g(약 2/5공기)
- 현미밥 80g(약 2/5공기)
- 맛살 빨간 부분 1개
- 슬라이스치즈 약간
- 샌드위치햄 약간(생식용)
- 김 약간
- 마요네즈 약간
- 토마토케첩 약간
- 브로콜리 약간(장식용)

도구

- 삼각주먹밥틀
- 가위
- 커터기(또는 칼이나 이쑤시개)
- 스무디 빨대
- 김펀치
- 젓가락

산타와 루돌프 주먹밥 만들기

1
브로콜리는 먹기 좋은 크기로 잘라
끓는 물(물 2컵 + 소금 1/3작은술)에
1분간 삶은 후 찬물에 헹구고 체에 밭쳐
물기를 빼요. ✱ 도시락 빈 공간을 채워
크리스마스 트리 느낌을 내보세요.

2
삼각주먹밥틀 또는 랩을 활용해
흰 밥을 세모 모양으로 뭉쳐요.

3
삼각주먹밥틀 또는 랩을 활용해
현미밥을 세모 모양으로 뭉쳐요.
✱ 현미밥 대신 버터 간장밥(58쪽)
레시피를 활용해도 좋아요.

4
맛살 빨간 부분만 떼어내 흰 밥에
산타 모자를 연출해요. 맛살 끝부분에
마요네즈를 살짝 발라 단단하게
고정시켜요.

5

치즈를 커터기(또는 칼이나 이쑤시개)로
잘라 산타 수염과 모자 레이스를 만들고
스무디 빨대로 찍어 모자 장식, 루돌프
볼을 만들어요.

6

햄을 커터기(또는 칼이나 이쑤시개)로
잘라 산타 피부를 만들고, 스무디 빨대로
찍어 산타 코를 만들어요.

7

맛살 빨간 부분을 스무디 빨대로 찍어
루돌프 코를 만들어요.

＊스무디 빨대로 루돌프 코를 찍을 때
빨대를 약간 눌러 타원 모양으로 찍어도
좋아요.

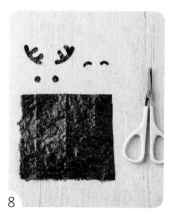

8

가위 또는 김펀치로 김을 잘라
산타 눈, 루돌프 눈과 뿔을 만들어요.

9

주먹밥 위에 모양낸 치즈와 맛살, 김을
사진처럼 올려 장식해요.

＊마요네즈를 조금 묻혀 장식을
고정시키면 쉽게 떨어지지 않아 좋아요.

10

젓가락으로 케첩을 찍어 볼터치를
완성해요.

눈사람 코코넛커리 도시락

재료

눈사람밥
- 밥 150g(약 3/4공기)
- 맛살 빨간 부분 1개
- 김 약간
- 삶은 완두콩 2개
  (또는 옥수수알이나 토마토케첩)
- 슬라이스치즈 1/2장
- 토마토케첩 약간

코코넛커리(1~2인분)
- 당근 1/4개(50g)
- 양파 1/4개(50g)
- 애호박 1/4개(60g)
- 킹사이즈 생새우살 3~4마리
- 카레가루 2큰술
- 코코넛밀크 1컵(200㎖)
- 식용유 1큰술

도구
- 김펀치
- 스무디 빨대
- 젓가락

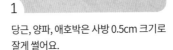

코코넛커리 만들기

1
당근, 양파, 애호박은 사방 0.5cm 크기로
잘게 썰어요.

2
생새우살은 먹기 좋은 크기로
2~3등분해요.

3
달군 팬에 식용유를 두르고
당근, 양파, 애호박을 넣고
중간 불에서 3분간 볶아요.

4
새우, 카레가루, 코코넛밀크를 넣고
중약 불에서 10분간 저어가며 끓여요.
한김 식혀 도시락에 담아요.

5
밥은 70g, 80g으로 나누어 동그랗게
모양을 잡아 위 아래로 붙여요.

6
맛살 빨간 부분만 떼어내 길게 반으로
잘라 밥에 둘러 목도리를 연출해요.

7
남은 맛살은 5cm 길이로 잘라 목도리
매듭을 만들어요. 작은 삼각형으로 잘라
모자를 연출해요.
＊ 마요네즈를 조금 묻혀 장식을
고정시키면 쉽게 떨어지지 않아 좋아요.

8
김펀치를 활용해 김으로 눈과 입을
만들어 붙여요.
＊ 카이 김펀치(15쪽)를 활용했어요.

9
삶은 완두콩을 올려 단추로 꾸며요.
＊ 옥수수알이나 토마토케첩으로
연출해도 좋아요.

10
스무디 빨대로 치즈를 찍어
동그라미 10개를 만들어요.

11
카레 위에 눈사람밥, 동그란 치즈를
올린 후 젓가락에 케첩을 찍어
눈사람 코를 완성해요.

핼러윈 주먹밥 도시락

오싹 해골, 귀여운 미라와 유령들이 담긴 도시락 하나면
핼러윈데이 스페셜 도시락 준비 끝! 인스타그램 인기 메뉴
갈비맛 닭날개구이도 함께 담아 더욱 든든하게 즐기세요.

닭날개구이 33쪽

핼러윈 주먹밥 도시락

재료

- 밥 160g(약 4/5공기)
- 베이컨 긴 것 2장
- 당근 1/10개(20g)
- 양파 1/5개(40g)
- 애호박 1/9개(30g)
- 소금 1/3작은술
- 식용유 1/2큰술
- 김밥 김 1과 1/2장 + 약간
- 비엔나 소시지 2개
- 슬라이스치즈 3장
- 검은깨 약간

도구

- 다양한 모양틀
- 스무디 빨대
- 김펀치

주먹밥 만들기

1
당근, 양파, 애호박, 베이컨은 잘게
다져요.

2
달군 팬을 식용유를 두르고
①의 다진 재료와 소금을 넣고
중간 불에서 3분간 볶아요.

3
밥을 넣고 밥알을 풀어가며
1분간 빠르게 볶아요.

4
김 1장은 4등분하고, 같은 크기로
2개 더 잘라 총 6장을 준비해요.

5

랩 위에 김과 ③의 밥 1/6 분량을 올린
후 랩으로 감싸 동그랗게 뭉쳐 잠시
고정해둬요. 같은 방법으로 김 주먹밥
6개를 만들어요.

6

소시지는 뜨거운 물에 30초간 데친 후
체에 밭쳐 물기를 빼요.

7

치즈는 모양틀(해골, 유령, 호박, 리본,
십자가)과 스무디 빨대를 활용해
사진처럼 모양을 만들어요.
이때 치즈는 1/2장 정도 남겨둬요.

8

김펀치를 활용해 김으로 눈과 입 등의
장식을 만들어 붙여요.
＊ 카이 김펀치(15쪽)를 활용했어요.

9

가위로 김을 오려 호박과 해골 입을
만들어 붙여요. 검은깨로 유령 눈과
해골 코를 붙여요. ＊ 김으로 과일이나
채소에 장식해도 좋아요.

10

김 주먹밥 위에 장식을 올려요.
＊ 마요네즈를 조금 묻혀 장식을
고정시키면 쉽게 떨어지지 않아 좋아요.

11

남겨둔 치즈 1/2장은 0.5cm 폭으로
길게 잘라 주먹밥에 둘러 미라 주먹밥을
만들어요.

12

⑪과 같은 방법으로 소시지에도
치즈 띠를 둘러 미라 소시지를 만들고
눈을 붙여요.

I n d e x

가볍게 반으로 줄여
하프로 돌아온

오뚜기

1/2 half
하프마요네스
하프케챰

반으로 줄였다!

오뚜기
1/2 하프 마요네스

(마요네스 시장 점유율 상위 3개 제품 평균 지방 함량 대비)

OTTOGI HALF MAYONNAISE

315 g

(1,275 kcal)

오뚜기몰에 다 있다!
www.ottogimall.co.kr

주식회사 오뚜기

반으로 줄였다!

오뚜기
1/2 하프 케챰

(토마토페이스트 스탠더드 25%,함량적 이)

OTTOGI HALF KETCHUP

280 g

(225 kcal)

오뚜기몰에 다 있다!
www.ottogimall.co.kr

고소한 맛은 그대로
지방 함량은 반으로!

(*마요네스 시장 점유율 상위 3개 제품
평균 지방 함량 대비)

토마토 함량은 그대로
염분과 당분은 반으로!

(*케챰 시장 점유율 상위 3개 제품
평균 당분, 염분 함량 대비)

유통기한 확인하여 식품선택 올바르게-
오뚜기몰엔 다 있다!
www.ottogimall.co.kr
080-433-8888 (수신자부담)

오뚜기Mall

I n d e x

< 추억을 만드는 귀여운 도시락, 캐릭터 콩콩도시락 >과 **함께 보면 좋은 책**

바쁜 일상으로 건강을 챙기기 어렵다면, 쉽고 건강한 도시락을 만들어보세요

< 아침 20분 예쁜 다이어트 도시락, 콩콩 도시락 >

김희영 지음 / 184쪽

#아침20분 #다이어트도시락
콩콩도시락 책이 특별한 이유

☑ 간단한 재료, 최소한의 불조리로 바쁜 아침 20분이면 완성

☑ 영양을 골고루 섭취할 수 있도록 밸런스 맞춘 한 끼 도시락

☑ 메인 메뉴 1개와 사이드 메뉴 3개로 포만감이 오래가도록 든든하게 구성

☑ 인스타그램에서 만나지 못했던 자세한 내용과 팁까지 수록

"

재료 선택부터 도구까지
도시락 만드는 게 쉽고 재미있어요.
콩콩님 덕분에 손재주 없는 저도
다이어트 도시락 성공했어요.

- 인스타그램 팔로워
@aomgggg 독자님 -

홈페이지 www.recipefactory.co.kr 애독자 카페 레시피팩토리 프렌즈 cafe.naver.com/superecipe 인스타그램 @recipefactory
네이버 포스트 · 블로그 레시피팩토리 유튜브 · 네이버TV 레시피팩토리TV 카카오스토리 · 페이스북 레시피팩토리everyday

<에어프라이어로 시작하는 건강 다이어트 요리>

김희영 지음 / 156쪽

<편식 잡는 사계절 아이 식단 아이 반찬>

방영아 지음 / 308쪽

콩콩도시락 저자의 쉽고 예쁜 건강 다이어트식

☑ 빠르게 만드는 아침식사 & 폼나는 브런치

☑ 식어도 맛있는 점심 도시락

☑ 든든하고 가벼운 한 그릇 저녁식사

☑ 건강하게 즐기는 오후의 간식과 가벼운 안주

☑ 주말을 위한 달콤한 디저트

☑ 에어프라이어로 더 맛있고 간편하게 만드는 노하우

3~10세 아이에게 꼭 필요한 영양과 맛을 담은 제철 식단

☑ 전문가가 알려주는 아이가 잘 먹는 반찬 노하우

☑ 제철 재료를 사용한 아이용 즉석반찬과 밑반찬

☑ 성장기 아이에게 꼭 필요한 영양소 가득 식단 81세트

☑ 밥, 면, 빵 등 다채로운 식단 구성

☑ 설탕 없이도 아이들이 좋아하는 맛이 가득

추억을 만드는
귀여운 도시락 캐릭터 **콩콩** 도시락

1판 1쇄 펴낸 날 2022년 3월 23일
1판 3쇄 펴낸 날 2023년 7월 6일

———

편집장   김상애
편집   정남영
레시피 검증   정민(정민쿠킹스튜디오)
디자인   원유경 · 조운희
사진   박형인(studio TOM, 어시스턴트 한찬희)
스타일링   송은아(어시스턴트 김에란)
영업 · 마케팅   엄지혜

———

편집주간   박성주
펴낸이   조준일

———

펴낸곳   (주)레시피팩토리
주소   서울특별시 용산구 한강대로 95 래미안용산더센트럴 A동 509호
대표번호   02-534-7011
팩스   02-6969-5100
홈페이지   www.recipefactory.co.kr
독자카페   cafe.naver.com/superecipe
출판신고   2009년 1월 28일 제25100-2009-000038호

———

제작 · 인쇄   (주)대한프린테크

———

값 16,500원

———

ISBN 979-11-85473-08-6

———

콩콩도시락 김희영

남편의 다이어트를 돕기 위해 시작한 콩콩도시락은
이제 예쁜 건강 도시락의 대명사가 되었고
74만 팔로워의 압도적인 지지를 받고 있다.

그녀는 아이들 도시락 역시 자신만의 스타일을 담아
한 끗 다른 맛, 모양, 영양의 캐릭터 콩콩도시락을 준비한다.
그 도시락이 SNS에 소개될 때면 유니크하면서도
귀엽고 사랑스러워 많은 팔로워들에게 큰 사랑을 받았다.

2019년 첫 책 <아침 20분 예쁜 다이어트 도시락, 콩콩도시락>이
남편과 자신을 건강하게 변화시킨 이야기라면,
3년만에 출간한 이번 2탄 <추억을 만드는 귀여운 도시락,
캐릭터 콩콩도시락>은 이제 훌쩍 커버린 두 아이를
환호하게 했던 엄마표 도시락의 추억에 관한 것이다.

1탄처럼 2탄을 통해서도 보다 많은 이들이
예쁘게 만들고, 맛있게 먹는 기쁨과 행복을 누렸으면 하는
바람을 갖고 정성껏 책을 만들었다.

인스타그램 @kongkong2_kim

온라인에서도 레시피팩토리와 함께해요!

홈페이지 www.recipefactory.co.kr
애독자 카페 레시피팩토리 프렌즈 cafe.naver.com/superecipe
인스타그램 @recipefactory
네이버 포스트 레시피팩토리
유튜브 레시피팩토리TV

 얼리버드 서비스 신청
레시피팩토리 신간 소식을 가장 먼저 문자로
받아보는 얼리버드 서비스를 신청하세요.

 레시피 AS 서비스
따라 하다가 궁금한 점은 온라인 애독자 카페
'레시피팩토리 프렌즈' Q/A 게시판에 올려주세요.